大樹下

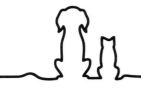

Contents

毛孩契約：我用了 18250 天走到大樹下

Chapter 1：我‧和我的笑女時代

Chapter 2：娛人小姐的奇聞趣事

毛孩契約：我用了18250天走到大樹下

　　十年前，曾經有位傳媒人，笑著跟我說，你的經歷，真的可以出書，其實不止他一個人說過，我聽後，當然只是一笑置之，我這樣的人，只是路人甲乙丙，何德何能出書！

　　直至十年後，去年（2022 年）11 月，在一個演唱會上重遇一位記者朋友，原來她已轉到出版社工作，於 facebook 上得知我為「大樹下」做義工的事情，於是也想為「大樹下」出一分力。

　　自問才疏學淺，學識淺薄，多謝認識三十年的好友江權南代為執筆，才能促成這本書的誕生。

　　自己只是小人物，這本書並不能以自傳視之，它只是將我人生一些有趣的事情記錄下來，讓更多人知道而已。個人認為，無論工作和做人，一定要想得開，不怕吃虧；對動物則要有愛心，要善待牠們，這個世界才會更加美好。

　　一場大病之後，我的人生觀改變了。活在當下，能做的就多做，有機會的就爭取，只求充充實實過好每一天。

　　這本書的名字以時間作單位，我用了 18250 天接近毛孩，去守護毛孩，預計數字會隨年歲遞增，這是我和浪浪毛孩的契約！

造造
2023 年 6 月

「大樹下」守護者

謝謝上天的安排，感恩認識了 JoJo Chan 。

造造是「大樹下」的守護者。

造造做任何事都很有衝勁及活力，因她的影響，令到「大樹下」善待動物庇護站這慈善團隊充滿活力及動力。

造造很愛毛孩，在她繁忙的工作中，亦抽很多時間放在毛孩身上，她在「大樹下」任勞任怨，一有空就往「大樹下」照顧毛孩，她一切以毛孩的福利為優先考慮，2020 年「大樹下」因山火引發毛孩有生命危險，因她積極呼籲，引起大眾市民幫忙，化險為夷，感恩她當機立斷。

造造亦是位熱愛公益，愛護任何動物，關心小朋友及老人家，是位仁愛心慈的人。

希望造造繼續為毛孩努力，「大樹下」十分多謝她的努力幫忙，因她在演藝界工作，令到「大樹下」的毛孩能有更多的關注，衷心感謝造造，祝福她！

毛孩契約：我用了 18250 天走到大樹下

曾耀光
大樹下善待動物庇護站創辦人

繼續保留心中一團火

每一個人來到這個世上，其實都有一個使命感，起初你可能感覺不到，或者無這種想法及感覺。

2013 年之後，當你來到「大樹下」後，你的使命感就已經不斷湧出來，這也可以說是你跟「大樹下」緣份的一種，千祈要保留你心中這一團火，代「大樹下」小朋友感謝你。

燕姐
大樹下善待動物庇護站資深義工

支持加入領養行列

小時候爸媽在家都有領養流浪狗，現在家中十一歲的狗女 Luna 也是我從香港的流浪動物機構處領養回來的。Luna 性格乖巧、單純、聽話，不像極端性格的混種狗，非常容易調教。只要肯花時間教導，狗狗無論甚麼品種，都會像天使一樣，乖巧地陪伴在人類身邊。

JoJo 總是無私地奉獻自己時間和人生去照顧流浪動物，除了愛心之餘，恆心也不可缺。「大樹下」為流浪或被棄養動物提供暫時或終身的照顧，是一個對生命極大的承諾，實在非常值得關注和支持。希望更多人會受到 JoJo 和領養人士感動，支持和加入領養行列！

梁詠琪
知名藝人、歌手

永遠的朋友

　　JoJo 對我們來說就像一個大姐姐 —— 是我們在困難時期可以信任和依賴的人。須知道吃喝玩樂的夥伴多，患難見真情的朋友少，而她總是敞開心扉傾聽我們的心聲，準備隨時與我們一起度過任何風暴。

　　香港樂壇發展的那一段日子，JoJo 一直是我們最堅強的後盾，每當我們在工作上遇到困難，感到迷惘，失去方向的時候，她就像指南針指引我們、陪伴我們穩步前進，並給我們勇氣面對我們的恐懼。

　　我們總是得到她的支持和體諒 —— 她是那種永遠不會讓我們失望的朋友。

Race 黃婉佩 @2R

感激遇上你

　　造造，是一個擁有俠義心腸的女漢子，尤其是對動物，充滿愛心，無條件付出，幫不到的都要幫。2022 年，感激造造在我到美國及泰國工作時，每天為我照顧患了腎病的貓貓 Tripper 和 Snubs，還有兩隻豹貓 Alpha 和 Omega。照顧有病的貓，真的不容易，每天要

注射皮下水、定時餵三次藥，還要加上兩隻搗蛋頑皮的豹貓，比起正常工作還要辛苦好幾倍呢！

　　非常感激這位好朋友兼超級經理人。真心感激遇上滿有愛心的你。

黃劍文
知名藝人、歌手

創「造」人生的女俠

　　熱愛工作，熱心幫助身邊人，大家都笑她叫「做做」，二十四小時都在忙碌，為不同的人和事奔波。但相比叫「做做」，我覺得「造造」更貼切。創造，就是指將兩個或以上的概念或事物聯繫，帶來新的價值。「造造」作為超級經理人，多年來一直創造了許多關係和價值，甚至經常幫助陌生人和無依無靠的動物都是義不容辭，有見義勇為的女俠性格，那是一種對人對世界的愛的表現，這是我在她身上最大的學習：人生是可以創「造」大於金錢的價值，就是感染其他人的正向影響力。

陳安立
ViuTV 藝人

你快樂，所以我快樂

　　JoJo 是一個很重情義的人，兩脅插刀在所不辭。另一方面，她是電腦白癡，她怕煩，事情愈簡單愈好，但為了令有心幫助「大樹下」的人捐款可以更方便，縱然辦理電子付款程式過程複雜，但她依然鍥而不捨，可見她的堅毅精神。學佢話齋，收多一蚊得一蚊，捐款可以幫到好多毛孩。

　　事事都以人、動物為先，在她身上真的感受到人間有愛的能量，雖然見她好劫，但見她好快樂、好滿足……我也感受到這份不能言語的喜悅，她令我明白到甚麼是助人為快樂之本的意義。

　　造造，你快樂，所以我快樂。

陳嘉莉
資深經理人

人與狗狗的關係

　　狗被譽為人類的最好朋友，有人說：人的一生有很多人和事，但狗狗的一生就只有主人而已，因此狗狗值得人類義無反顧的疼愛，牠絕不會背叛或辜負人類。我也是汪汪控，深信有狗狗相伴的日子總是幸福多一點，對 JoJo 在書中細說童年與狗的故事非常有共鳴。

　　JoJo 的自傳講人與人、人與動物的連繫，提醒了我們不論是愛與被愛，都該好好彼此珍惜。一直說人類馴化動物，事實可能是動物在馴化我們呢！

梁詠梅
九龍三育中學校長

造造，恭喜你出書了！

　　一本書，四萬字，兩個半月。

　　小時候被狗咬過，不管大狗小狗，自此對牠們敬而遠之，也因為受到這位毛孩義工無私奉獻的感染，強大了我的膽子，今天的我，不再那麼害怕。一天，這位好友告訴我，她要出書了，我既羨且妒。這個大半生充滿奇趣經歷的胖妹，確實值得記上一筆。

　　人生，能有幾多相識三十年，又能真心相待的朋友，能執筆為她記下故事，我與有榮焉。就這樣，兩個半月，一本書，四萬字，誕生了！

江權南
文字愛好者

請一直有趣下去

人生，其實不一定要傳奇，有趣都很可愛。

撇開經理人工作，JoJo 的的生活就是愛護與拯救動物、各式療法對付都市病與養生、職業病的保母式照顧娛樂圈與非娛樂圈的好友，就這樣編寫了她的年年月月，一晃眼我就見證了她由穿著附有叮噹百寶袋衞衣的女孩，變成今日善於處理藝人工作與「大樹下」慈善活動的強者。

然後她告訴我要出版這本自傳。我微笑地說，好啊！她的人生至今未至於用傳奇來形容，但是確實有趣。我想藉著這本書知道她更多的秘密及有趣故事，同樣更希望讀者看過書後也可認識她更多。

我們的人生都不需要傳奇，但願，像她一樣有趣與快樂就夠了。但願，JoJo 也一直快樂地有趣下去。

蘇啟泰
MRRM 雜誌出版人

只記今朝笑

不止對小孩，JoJo 偶爾駕車送我返家，聊起養寵物，我感嘆上次愛貓死別太難受，她說：「許多人這樣想，其實任何生命沒法避免。

記住相處的快樂時光，盡量對牠好，計落終歸開心多。」的確，別看 JoJo 一臉菩薩相，扶持懷才不遇的藝人，照顧浪浪胼手胝足，開支吃緊，你以為真無憂無慮嗎？唯擇善固執，只記今朝笑，JoJo 活得頂天立地。

余家強
資深傳媒人

CHAPTER 1

我，和我的笑女時代

1.1

—

傳說中的胖虎妹妹

我叫 JoJo，好朋友都會叫我造造。

我是家中老大，下有兩弟，跟父母一家五口住在深水埗白田邨，家貧。媽媽照顧我們之外，還要照顧與我們年紀相若的堂兄弟，終日忙個不停。日常生活，我會跟相差一歲的大弟互相照應，每天由我打點早餐，吃完後，大弟就會送我上學，那時我才升讀小學一年級，大弟則唸幼稚園高班。餘暇我會幫媽媽做家務，當然還有跟左鄰右里的小朋友通街跑，故此我跟弟弟並沒有因家窮而覺得物質匱乏，反倒在自由自在的環境下成長，度過充滿趣味的童年歲月。

七個月大的我，已學會走路，在屋裡走來走去。

媽媽告訴我，當年的我預產期在十二月二十二日，時候到了，但我絲毫沒有出世的意願，由於那年頭的醫護人員都鼓勵產婦自然分娩，不輕易剖腹生產，就這樣我在媽媽的肚裡多待了五天，直至十二月二十七日，醫生見我還未有任何動靜，才決定為媽媽剖腹。後來媽媽告訴我，在那等待的五個漫長日子裡，最害怕的就是我會胎死腹中，又或智力受損，好在呱呱墜地的不僅是個小胖妹，更是一個精靈活潑、討人歡喜，七個月便學會走路的可人兒。

我兩歲就唸書，媽媽告訴我，低中高班共唸了三間幼稚園。也許太早入學，不習慣，低班時常在課堂上哭鬧，造成滋擾，所以我一哭，老師就給我糖果，糖果吃多了，不但咳嗽，更引致哮喘，造成後患。

超級吃糖達人

到了中班，我轉到另一間幼稚園，沒想到精靈的小人兒卻惹老師不快，常被欺負、體罰，每天放學回家就向媽媽哭訴。媽媽不想小小年紀的我留下陰影，升讀高班時，又為我轉到另一間幼稚園。這間幼稚園的師長不僅疼愛我，更看到我的領導潛質，選我做畢業禮表演的台上指揮，令我初綻領導光芒。

正因為低班時吃糖太多，引致哮喘，身體轉弱，屢醫無效，最後媽媽帶我到佛教醫院求診，須長期服用四環素，哮喘雖然轉好，

毛孩契約：我用了18250天走到大樹下

置身兩個弟弟中，我真的有如小巨人。

卻不斷發胖，直至中三作身體檢查時，才知道這是長期服用四環素的副作用。

我本身天生骨架大（小學六年級身高已有 168cm，不過之後再沒有長高過），吃藥後又發胖不少，故此比同齡同學高大，站在他們身旁便有如小巨人，加上領導才能，由小學開始到中學，我都是班長、風紀的必然人選，同時我又是運動健將，雖然學業成績不怎麼樣，但仍是師長心中的寵兒，兼且校內無人不識，風頭一時無兩。

外公屋企有個動物園

回首童年歲月，有兩大事件，影響我的成長，尤其深遠。一是愛動物的外公，在我還沒出世，就已養了二十隻狗，到我出世懂事後，都很愛到外公家，因為他養了一屋貓狗雀魚，還特地闢出一個房間，放上衣櫃，作為貓咪的睡床。在我眼中，身為水喉匠的外公，是個無所不能的家居博士，他甚麼都可以造出來，動物以外，外公還造了一個花架，種上不同盆栽，置身其中，有如走進一個小型動植物公園，叫小小年紀的我大開眼界。

說也奇怪，面對一屋動物，懵懂無知的我竟毫無懼色，不似一般小孩會被嚇得驚呼狂叫，反而自小對外公能飼養大批寵物羨慕不已，因為家住公屋，禁止飼養寵物，一想到這裡便感失望。

隨著外公外婆年紀漸長，加上後來外婆半身不遂，行動不便，再沒有能力照顧一屋動物，小學五年級的我便自告奮勇，每逢星期五放學後，就會獨自乘坐一小時的 2E 巴士，由白田邨長途跋涉地到土瓜灣的外公家，留宿一宵，為他們料理家務，照顧一屋寵物，遛狗、為狗隻沖涼、換貓砂、清洗魚缸及換水等，對於一個小學生來說，工作量可不少，但我卻不言苦，反之樂在其中，也許這就是我跟動物的緣份吧！時間久了，牠們都很信任我、愛向我撒嬌，從牠們身上，我學會了愛和責任感。

外公養了一屋寵物，超級多狗狗，而財媽是最懂事和最有責任感的一隻。

財媽 步仔 黑仔

外公養過不少毛孩，其中三隻唐狗教我至今難忘，牠們分別是財媽、步仔跟黑仔。顧名思義，財媽就是首領，牠最懂事和最有責任感；步仔性格乖巧服從，倒是黑仔脾氣最壞，時常添亂。對於這三頭毛孩，外公都採取放養政策，每天打開樓下大閘，由得財媽帶著步仔、黑仔和其他狗隻出外蹓躂，每當玩耍回來，財媽就會在大閘外吠叫，通知外公牠們回來了，好下樓開門，只是脾氣壞的黑仔，有時稍感不順，就會在樓梯排便，害人清潔處理，叫人氣炸。

外公外婆都很疼我，經常給我零用錢，而我也毫不吝嗇地回校請同學吃東西，所以不少同學都以為我是有錢女，這確實是個美麗的誤會，我只是樂於與人分享而已。

直至我小學畢業，外公希望我們一家能住得舒服一點，小孩子有更好的學習環境，特別為我們支付首期，在土瓜灣買下一個單位，與外公住在同區，互相照應。我們搬到土瓜灣後，除了居住環境得以改善，令我更感興奮的，就是終於可以養寵物了！

1.2
——
我細個已經係童星

　　黃師奶，我們稱她奶奶，白田邨街坊，與媽媽相熟。她是一位臨時特約演員領班，有一次，她找不到小朋友演出，心急如焚，湊巧在街上碰見我媽，頓時雙眼發光，如獲至寶，心想終於有救了，因為她知道我媽有三個孩子呢！

　　媽媽在她的央求下，想到既可解決別人的燃眉之急，又可讓孩子開開眼界，加上酬勞不錯（每日一組戲，八至十小時，片酬多大人一倍），於是答應讓我到片場拍戲。那年我剛升上一年級。

幼稚園中班，與同學一起舉行生日會，滿枱食物，好豐富。

　　走進片場，我一如當初面對外公一屋動物，毫無懼色，因為只須依照工作人員、導演指示，做好要求便可收工，就這樣便開始了我的「童星」之路。往後，只要奶奶有需要，就會徵召我，甚至弟弟、表妹去拍戲。

　　起初到片場拍戲，感覺新鮮有趣又好玩，更何況只要有戲拍，媽媽就會替我們向學校請假，想到毋須上學，不用做功課，就開心了！

妹豬狂隊牛雜

　　過往有傳媒訪問我，問到我的童年往事，我都會很自豪地告訴他們：「我是童星，拍過六年戲劇，而且夥拍的不少都是赫赫有名的大明星，諸如石天和麥嘉等前輩！」

　　我這個小胖妹，饞嘴愛吃，很多時都會演出吃東西的場面，聽似是不錯的優差，很多時卻是有苦自己知。

　　曾經拍過一場戲，是我跟弟弟和表妹一起演出，我飾演的是富家小妹妹，弟弟和表妹因為身形瘦削，被安排做乞丐，因角色相差太遠，弟弟和表妹竟然表示不滿，一臉嫉妒。

　　我還記得那場戲，講述我要跑上一個小斜坡，去買牛雜吃，NG
數次後，要一個小胖妹跑上跑落，談何容易。但好戲還在後頭，就
在我再次跑上小斜坡去時，忽然聽見導演大聲喊：「肥妹，你不要
再真吃了，我們的道具牛雜都快給你吃光了！」這是何等叫人尷尬
的場面，至今難忘！

見棉花糖都怕怕

　　另外，還有一個棉花糖的故事，那齣電影叫做《滑稽時代》，
由石天主演，有一場戲講述我在遊樂場玩、吃棉花糖，嘩，有得

當年同石天叔一起拍《滑稽時代》，成堆細路中我最高大，你應該估到邊個是我（中間笑到擘大個口那位）啦！

玩、有得吃，對我這個小胖妹來說是何等美事。可惜不斷 NG，我嘴裡都塞滿了棉花糖，還要吃吃吃，吃得我都快吐了，自此以後，只要聽見棉花糖三個字，就會想起當年那個「慘不忍睹」的場面，至今不曾再沾上一口。大家想一睹當年我的演出，可以購買影碟仔細欣賞。

我這個特約童星，也算好運，能不時與大明星演對手戲，現在回想，也深感榮幸，這不僅是我小時候，甚至是人生一個難得的經歷。

1.3

香港人懷念的荔園天奴

小時候，第二件影響我的大事，就是自家人帶我去過荔園遊樂場後，我便愛上了這個遊樂場，除了那好玩的機動遊戲，我更愛到動物園去看大象天奴，跟牠打招呼，餵牠吃東西，然後牠就會很開心的向我道謝！只是有些人不安好心，時常戲弄牠，把手上的垃圾呀、塑膠袋呀扔向牠，甚至用粗言罵牠，受騙多了，天奴也會生氣，用象鼻吸起地上的水噴向他們，所以小小年紀的我，已深明對小朋友和動物，同樣要尊重，不能存欺騙之心的道理。

荔園遊樂場，原是我心中的樂園，當我知道要到荔園拍戲時，開心到不得了，卻忘了我是去工作，而不是去玩，更萬料不到的是，本是開心果的我，拍戲時卻難忍心中委屈，第一次淚灑當場！

要到荔園取景，只能待收園後，所以那次拍的是夜戲，對小朋友來說是比較辛苦的，除了疲累，還要捱眼瞓。

拍完玩碰碰船的鏡頭後，工作人員又叫我坐進碰碰車裡，當我站在碰碰車上時，一臉困惑，硬是不肯坐進去，工作人員一再命令，我都沒有聽從，對方火了，大聲責備我，我感到很委屈，「嘩」的一聲哭了出來，工作人員不明白，我根本太胖，鑽不進座位去，

在片場拍戲期間留影，告訴大家，其實小胖妹演技也不錯。

但又不敢告訴工作人員，怕他們取笑，在不知如何是好情況下，就哭了。最後，工作人員叫我坐回碰碰船，問題才得以解決。

無限輪迴玩木馬

旋轉木馬原是我愛玩的另一個機動遊戲，也是因為拍戲，給我留下童年陰影。話說拍了幾場戲後，又要等待漫長的時間才能埋位，拍下一場戲，我們一班小演員都累了，坐在一旁打盹。

導演一聲令下，我們又得坐上旋轉木馬，因為太累了，我們都摟著木馬，軟泥似的一動不動伏在上面打瞌睡。導演看見了，大聲地喊，吩咐我們，不管多累，只要旋轉木馬轉向鏡頭前，我們就要

荔園是我小時候最愛去的遊樂場，每次到訪，
我都會跑去跟大象天奴打招呼。

坐直身子，向鏡頭揮手，做出興奮開心的表情。轉呀轉，轉呀轉，我們只想快些拍完回家去睡覺。

經歷荔園取景，一晚來回玩十幾廿次機動遊戲一役後，我怕了，往後再往荔園，我會先去動物園，探訪動物，尤其是好朋友天奴，我會跟牠打招呼、餵牠食物，不知不覺間，令我更嚮往有一天能擁有自己的動物園。

等埋位是件好悶的事

往後我還演過邵氏電影的民初戲，拍過香港電台的《鏗鏘集》，我還記得拍《鏗鏘集》那一次，對手是田啟文（田雞），有次跟他談起，但他已經記不起來了。

做了六年童星，起初覺得很好玩，毋須上學，又有錢賺，但時間久了，也許自己也成長了，有了不同想法，開始對拍戲生厭，尤其是漫長等待埋位時的無所事事，有時又要在片場裡趕功課，加上搬家，升上中學，踏入青春期，為了能專注學業，我十二歲便「息影」，告別那五光十色的「演藝生涯」，從絢爛歸於平淡。

不瞞大家說，總結那六年的童星生涯，我也確曾發過明星夢。只是這個夢，到我中學畢業後，改變了，並且從幕前走到幕後，成為別人的推手。

1.4
—
肥肥繽紛三十年（上）

1990 年，開心果沈殿霞（肥姐）加盟亞洲電視，為了隆重其事，電視台特別舉辦大型節目《肥肥繽紛三十年》以示慶祝和造勢。節目其中一個環節就是公開招募十個胖妹為肥姐伴舞。那年我十七歲，唸中四，自小身形已極具分量的我，非常符合胖妹的招募條件。媽媽為我報名參加，好讓我開開眼界⋯⋯

參加電視台節目我非首次，雖然小學一年級，我已躋身「童星」行列，但也一樣參加電視台的遊戲節目，那一次我跟弟弟參加了無綫電視兒童節目《430 穿梭機》的問答比賽，贏得我心儀的獎品，其中一份是一部手動電影機，我還記得要不是弟弟答錯一題，便可以得到更多獎品。

七、八年後，我又再次報名參加電視台節目。媽媽為我遞交招募胖妹的表格後，過了一段時間，仍未有回覆，連我都快要忘記之際，忽然收到自稱亞視人員打來的電話，表示我報名「胖妹」已進入總決賽。甚麼？總決賽？哪初賽和準決賽呢？霎時間令我滿腦疑問。我還以為接到行騙電話，對方聽見我懷疑的語氣，才不慌不忙地告訴我：「我們看過你的資料和相片，覺得你可以直接進入總決賽！」然後留下時間和地點，囑咐我要準時到達會場便掛線了。

大家姐秒變細蚊女

我雖是校中的風頭人物，但畢竟未見過大場面，所以得由媽媽帶我赴會。甫進會場，放眼一看，我愣住了，沒想到世上除了自己，還有那麼多胖妹，粗略估計，連自己在內，足有三、四十位之多，擠滿一室。

我們一眾入圍者，被安排接受一些簡單的考驗，例如頭頂書本慢慢行到台上去，之後挑出十位，立即用車送我們到電視台度身造衫、訂製假髮和眼鏡。

十位胖妹中，來自不同階層，十七歲的我，是年紀最小、還在唸書的一個。有人說，十七歲正值女孩子的尷尬年齡，雖然自己不是甚麼事也不懂的小妹妹，但思想又未至於完全成熟，在大人眼中，實際上還是一個小孩子。

翻查相片，驚覺當年竟跟黃凱芹（右三）同節目演出過。

儘管自己身為家中老大，在學校裡更是個名字響噹噹的人物，尤愛鋤強扶弱，關顧弱小這方面，備受學弟學妹的尊重，然而當時比賽的我置身在九位大姐姐當中，卻是被照顧的一個。那段相處日子，我是蠻享受被寵被疼愛的感覺。

肥姐不愧為開心果

我們十個胖妹，主要任務是在節目開場時，為肥姐伴舞。因為我們大多沒有跳舞底子，為了演出順利，亞視特別安排知名舞蹈老師林青峰為我們排舞。初會老師，我心頭如小鹿亂撞，砰砰的跳，莫非真箇是少女情懷總是詩，平時做事直接爽朗的我，也不自覺流露出女孩子溫柔靦腆的一面，帥哥當前，我暗自歡喜，只差沒叫出來：「老師，你好帥呀！」

相處多了，對於老師，我愈加「迷戀」，偷偷帶上相機，把他拍下來，再沖曬相片留作記念。現在回想，也感羞怯，但卻是我少女時代的一個難忘片段。

雖然又要上學，又要綵排，但我卻忙得非常開心。電視台和肥姐都很體諒和遷就我們，明白我們日間都要上學和上班，所以將排舞時間安排在晚上七時以後。那時我們會到林青峰老師位於九龍城獅子石道一幢唐樓的排舞室。唐樓沒有電梯，每次我們都要爬上五樓，到達排舞室時都已氣喘吁吁。

我跟肥姐像嗎？

　　肥姐真是一個待人很好的藝人，一點架子也沒有，每次排舞前，知道我們還未吃飯，就會吩咐工作人員為我們叫外賣，讓我們吃飽才排舞，絕對不想我們捱餓。

　　起初排舞雖然錯漏百出、笑話頻生，但大家都會互相提點，加上老師和肥姐知道我們沒有經驗，都很體諒我們。還有，肥姐的親切和笑聲，大大化解了我們心中的壓力，還有每次排舞，肥姐都會帶同小欣宜和傭人前來，當時的欣宜活潑好動，也是一個可愛的小胖妹，我們都很愛逗她玩。

1.5

肥肥繽紛三十年 (下)

十個胖妹苦練有成，終於到了演出時候……

那天我們一大早到達演藝學院做準備，上台前，工作人員遞給我們早前訂造的假髮和眼鏡，本身近視的我，那時才知道電視台沒有為我訂製有度數的眼鏡，而我又沒有準備隱形眼鏡，就這樣「朦查查」走到台上去，放眼台下，一片模糊，心裡緊張得很，唯有謹

《肥肥繽紛三十年》，開場時，十個胖妹為肥姐伴舞，場面熱鬧。

我曾手抱小欣宜跟肥姐合照，留下珍貴一刻。

記排舞時的舞步和走位，還好最後能順利過關，沒有出錯，真的捏一把汗呢！媽媽在電視看完我的演出，問我為甚麼整個演出都緊抿嘴唇，一點笑容也沒有？要是我不告訴她，她又怎會知道我當時的心情是如何的擔心和緊張。

我很享受是次演出，尤其是一眾胖姐姐對我的疼愛，成為我初探人生重要的體驗，而其中一位胖姐姐 Betty 更成為我中學畢業後，投身社會的第一個貴人呢！

同呢行好有緣

演出過後,我又回歸規律的校園生活。事隔三個月,期中考試將至,正在準備考試的我,竟收到亞視人員來電,事緣肥姐獲邀到內地演出三場騷,她便將《肥肥繽紛三十年》移師到廣州天河體育館演出。那次演出只需六位胖妹,亦早已敲定人選,可是其中一位胖妹最後因簽證問題未能如期從外國回港,由於事出突然,時間緊迫,需要即時找人替補,亞視翻查資料後致電給我,無奈演出期間,碰上學校考試,我沒有答應,惟對方鍥而不捨,一再央求之下,希望我能答應,以解燃眉之急。最後,我嘗試回校請假,要是校方批准,我就演出,否則便愛莫能助了。

翌日回校,我硬著頭皮去見訓導主任方 Sir,道出請假原委,滿以為主任會教訓我一頓,說我荒廢學業,沒想到主任不但沒有半點不悅,反倒一臉笑容:「你以後也是吃這行飯的了,去吧,回來再補考啦!」

於是,我一共參與了兩次《肥肥繽紛三十年》的演出。那次演出,酬勞四千元,是我多年演出酬勞最多的一次。

黃凱芹變老友

　　早前整理相片，給我找出了多張有關《肥肥繽紛三十年》的照片，除了有手抱小欣宜跟肥姐合照外，還找到一張我 2006 年任職環球唱片時帶過的其中一位歌手，原來早於《肥肥繽紛三十年》已拍過大合照，當時出任演出嘉賓的他，就是創作歌手黃凱芹。我倆由起初的工作夥伴，到今天成為好友，不能不說是緣份啊！

　　時至今日，網上仍可找到我在《肥肥繽紛三十年》的演出片段，雖然畫質欠佳，大家不妨落足眼力，看看能否找出哪個是我！

　　最後要說的，「肥姐，我們懷念你！」

CHAPTER 2

娛人小姐的奇聞趣事

2.1
—
由童星變身唱片公關

中學畢業後，我一如許多畢業生，處在人生十字路口，面對升學、就業問題，我該如何抉擇？

想到自小演戲，對演藝事業也曾有所憧憬，於是報考演藝學院，順利通過首輪面試，到第二關，主考官要我現場高歌一曲。唱歌，正是我的死穴，自知不是唱歌材料，真的膽怯，兩難下，為免獻醜人前，我選擇了放棄。

「星途」受阻，我轉而去學舞台化妝，先涉獵不同演藝工作範疇。因為年輕的我，已深明機會是留給有準備的人。

娛樂公關第一步：星光娛樂

大家可還記得《肥肥繽紛三十年》其中一個胖姊妹 Betty，她就是我正式進入職場的第一個貴人。那時候她任職星光娛樂接待員，得悉公司聘請文員，知道我賦閒在家，未有工作，於是介紹我去應徵，就這樣我便成為了她的同事，又一次合作。

星光娛樂是一家發行電影的公司，當年的嘉禾電影便由它獨家

星光娛樂是我初入職場的第一份工，當時的我一臉青澀。

發行，此外發行的還有卡拉 OK 影碟及影帶等。

　　做了一段時間，我被調到陳列室部門，負責訂單、協助營業員推銷等工作，對毫無相關工作經驗的我來說委實是個新挑戰！大家可別忘了，我雖然是個胖妹，卻是一個不懼困難、工作勤奮的胖妹，所以逢關過關，愈做愈起勁！

陳列室部門上司 Venus，至今仍是我的好朋友。

每天面對堆在眼前的工作，我告訴自己有甚麼好怕，大不了一邊做一邊學，從錯誤中學習改進，現在回望，也沒想過當年初入職場的自己，能有如此毅力，去完成每天排山倒海的工作。經過兩年半的磨練，成長了的胖妹，終於憑著不言放棄的鬥志，已可獨立處理整個部門的運作。

就在這時，適逢公司成立唱片部，縱使不知道唱片宣傳的工作是甚麼，唱片部的同事看上去又是那麼嚴肅，心中仍然蠢蠢欲動想一試，於是大著膽子提出調職的要求。

我胖，但我努力

當時跟我一起申請調職的還有另一女同事，結果唱片部沒有選上我。

我心中失望，心想也許時機未到，就等下一次機會好了。事後我終於知道自己「落選」的原因，就是唱片部同事嫌我是個胖妹。當時我既生氣，又無奈，我不甘心被人看扁、嫌棄，於是向自己許諾，日後要是有機會當上唱片宣傳，我要給那些少看胖妹的人知道，胖妹一樣有能力、好人緣，受人肯定和尊重。

事隔年多，隨著唱片部改朝換代，我終於得償所願調到唱片部，任職的雖是文員，而非唱片宣傳，但不打緊，我反而感激上天給我這個安排，讓我從低做起。

調職唱片部，對我而言，可是一件夢寐以求的事。也許是工作性質不同，又或唱片部工作更適合自己性格，我樂於接受新磨練。

唱片部就如一條木人巷，我這個新調職傢伙，日常工作，由唱片製作、跟進唱片設計、刊登廣告、校對歌詞、準備新歌派台的 Cart，到撰寫新聞稿、派發碟評、聯絡記者等，事無大小都要兼顧，我慶幸能有機會事事接觸學習，為我往後二十多年的唱片宣傳，甚至經理人工作打下基礎。

認識人生首批紅歌星

上世紀九十年代，正值香港唱片業最輝煌年代，星光唱片旗下歌手計有羅文、李克勤、太極樂隊、吳國敬、陳浩民、陳松齡、莫文蔚及林俊賢等唱將新人，倒也星光熠熠。這些歌手、樂隊看著我一路成長，不少至今仍保持友好關係，有些在宣傳活動上碰見，難得他們仍記得我這個胖妹，跟我打招呼，嘻哈一番，去年雷有輝（Pat 哥）舉行演唱會和推出全新大碟《二十才前》，找我為他宣傳，確實令我受寵若驚。

直到 1996 年，星光唱片被收購，新公司要結束唱片部，我成為最後一個留守的員工，眼見唱片部熱鬧一時的景象從此不再，初涉職場的我不禁百般滋味湧上心頭。

　　唱片部的大門關上後，我被調到人事部去，不過我並沒有逗留太久，個多月後也請辭而去。

　　縱觀我在星光短短四年間，任職過不同部門和崗位，工作再多再繁複，我都不怕辛苦從低學起，也感激有這些磨練，我才得以成長，從初投社會的新新人，到今天找到事業路向，踏踏實實地工作、生活，實踐心中理想，星光，就如明燈，引領我踏上未來的路。

2.2
—
上帝早已預備：華納前線宣傳

離開星光之後，我以為要失業了，但感恩上天早已為我預備了工作。一位星光唱片部舊同事介紹我到華納唱片當平面宣傳人員，這是華納新增的職位。

由於之前我在星光唱片只是負責協助同事宣傳，所以加入華納唱片這個大家庭，是我真正成為前線宣傳人員的開始。

當年的華納唱片旗下歌手陣容鼎盛，包括郭富城、葉蒨文、鄭秀文、呂方、古巨基、羅敏莊、谷祖林、紀焱焱、農夫、LMF、Zen、DJ Tommy、李偉菘及朱哲琴等。而宣傳部分為電視、電台及報紙雜誌平面宣傳三個組別，我負責的正是平面宣傳，全組只有我一個員工，我就是在舊同事的推波助瀾下，儘管對前線的宣傳工作幾近零經驗，也胸口掛個勇字走上戰場，接受全新挑戰。

拍城城MV做路人甲乙丙

當年香港共有四間國際唱片公司，分別為華納唱片、寶麗金、新力唱片及EMI，能加入這四間國際唱片公司，都是很多唱片宣傳夢寐以求的事，而我加入華納唱片後，也曾許願要做勻這四大唱片公司。

我第一次任職華納,最難忘它的室內設計,尤其會議室,往後成為舉行記者會的場地。

　　我是在 1997 年加入華納唱片的,這是我任職的第二間唱片公司,公司位於尖沙咀區高級的商業大廈內,裝修出自著名室內設計師高文安手筆,設計極具氣派,我印象最深的就是會議室內那張設計成波浪形、盡顯時尚氣派的長枱,加上會議室面對維港海景,開揚景致盡收眼底,教人心曠神怡,所以當公司舉行宣傳活動或記者會時,地點都不假外求,多數安排在公司內進行,當年城城(郭富城)的歌曲〈I Love You So 太愛妳〉MV 便在公司內取景,我們一班宣傳人員也有份參與演出,我扮演的是一個衝入電梯,只見背影的職員。童星年代「息影」後,雖然久未演出,但對我來說,又豈會有難度!

初到華納唱片報到，因為沒有相關工作經驗，心裡難免緊張，心想大國際公司，難免人事多、要求高，以自己中五畢業的程度，學識有限，獲聘用後，深怕不能勝任工作要求，既然進退兩難，最後只好硬著頭皮，兵來將擋，見招拆招。

宣傳新仔被記者刁難

沒想到上班第一天，我便被安排跟葉蒨文及鄭秀文兩大天后拍攝新歌《談情說愛》MV 外景，直把我嚇出一身冷汗！我不怕面對兩大天后，因自小拍戲，接觸過不少藝人，我最擔心的倒是如何應付一班前來採訪的記者朋友，因為互不相識，我該如何跟他們溝通、安排訪問及拍照？結果真的出事了。

MV 拍攝完畢，兩大天后因未能即時現身滿足記者拍照要求而齊聲起鬨，一時間我不知如何是好，其中一位記者更出言刁難，我的心更慌了，只好以笑容遮掩恐懼，說盡好話打圓場。第一天上班，就給我好好的上了一課。

一如在星光時期，面對不懂的，我不怕吃虧邊做邊學，我慶幸工作團隊擁有一個好上司，所以同事的向心力都很強，工作外，他還教曉我許多做人處事的道理，因為做宣傳工作的，擁有良好的人際關係最為重要。

弊傢伙！癱瘓咗公司電腦

　　很快地我已適應新環境，需要負責的項目也慢慢上手。過程中，我當然也碰過大大小小的釘子，最嚴重一次，就是無知的我，初次把新聞稿及相片一口氣傳給各報章雜誌時，沒想到檔案太大，瞬間癱瘓了公司的電腦系統，現在想起仍猶有餘悸，最後經電腦部同事搶救兩天才得以恢復過來。自此，他們碰見我時，劈頭跟我說的第一句話，就是：「你以後要小心啲呀！」這可算是我在華納期間發生過最糗的事（驚驚）！

　　要不是接觸過、處理過，我不會理解分發演唱會門票，原來是一項非常艱巨耗時的工作。

　　我第一次幫手分發門票的演唱會，是鄭秀文的，內部訂購一早爆滿，反應熱烈，我們當然高興，但好戲在後頭。毫無經驗的我，滿以為分票只是一個簡單任務，最後我們用了十多個晚上，放工後留守公司，晚晚啃飯盒，為的是盡快把門票送到訂戶手上。

　　由於訂票組合不同，儘管加班工作，人已有點疲累，但我們仍得打醒十二分精神，不能亂、不能錯，否則就要重新分過，非常磨人。

　　所謂苦盡甘來，在同事帶領下，我終於學會了分票方法。上司為了慰勞我們辛勤付出，每人送上一個名牌錢包，這是我人生中擁

有的第一個名牌用品，極有紀念價值，我收藏至今，還有一個叫我喜出望外的收穫，就是瘦了十磅。

告別華納

作為公司年資最少的小妹，我從摸索中成長，好像如何與媒體編輯、記者建立友好關係，互相幫忙。雖然星光年代申請調職唱片宣傳被拒，但我不會因外形而妄自菲薄，我深信我這個胖妹一定能做出成績，成為一個出色的唱片宣傳。

事實告訴我，胖妹也有胖妹的好處，在旁人眼中，我的外表毫無威脅性，但卻是一個動作靈敏、思維清晰、性格爽朗樂觀的胖妹，加上實事實幹，答應過的事絕不拖泥帶水，所以人緣還不錯，連當日曾刁難我的記者，都變成與我合作愉快的好朋友。

我在華納工作只有年餘，1998 年，經濟不景，很多行業、公司都要裁員，我們公司也不例外，第六感告訴我，我必然榜上有名，最後我跟另一位同事都在裁員名單上⋯⋯

這次裁員事件讓我深切體會現實的殘酷，我雖難過、不捨，也得接受現實。

工作上我很感恩能跟上一位好上司，一路以來他都很疼我、信任我，我相信他在「交人」時，也經歷過一番內心掙扎，加上我是

新增的職位，所以很能理解他的決定。

離職前，上司不僅自掏腰包為我們舉行「餞別派對」，更送了兩個小金牌給我們做紀念，面對殘酷現實，上司的情義關顧，正好沖淡我內心不捨的苦澀。

時至今日，我仍有跟 Zen 聯絡、飯局，感情不變。

2.3
—
重新出發：金牌省思

　　離開華納唱片，我心裡難受，投身職場才第二份工，便嘗到裁員的滋味，正感徬徨之際，我的貴人又出現了。那貴人介紹我到一間新成立的經理人公司工作，那就是金牌經理人公司。

　　我雖然不知道經理人公司需要做些甚麼，但心想該與唱片宣傳的工作性質相距不遠吧！

　　那時金牌旗下藝人共有許志安、蘇永康、馮德倫、雷頌德、鄭中基及來自台灣的吳奇隆六位大男生，而我負責照顧的是許志安、蘇永康和吳奇隆。

　　上班後，我才知道經理人公司和唱片公司的工作原來分別很大，藝人的衣食住行，甚至生活瑣事都要兼顧，好在自小照顧他人是我的強項，加上從之前兩份工作所學到的，相信能應付過來。

吳奇隆有如一個大孩子，跟他相處毫無壓力。

同藝人、助手集體中毒

第一天返工，我便要跟蘇永康回內地拍廣告，初次合作，難免有點陌生，但暱稱阿公的他，卻是一個非常有風度的男士，眼見一班女孩子，他沒有麻煩我們，自己拎回自己的行李。

阿公熱愛音樂工作，那時他唱紅了《越吻越傷心》，這首歌把他的歌唱事業推上高峰，開完紅館演唱會，徇眾要求下，再於會展舉行 Part II 演唱會，人氣一時無兩。

另外，憑著組合小虎隊在台灣大紅的吳奇隆，當年來港接拍電視劇，由我負責照顧，其實他本身已有一位助手隨行，只是廣東話不太靈光。結果，這助手也由我來照顧了。

跟奇隆工作是很開心的，他為我留下了很多有趣難忘的回憶。有一次，工作完畢，我們三人到酒樓飲茶吃點心，大快朵頤後，各自回家，兩個小時後，我們三人均感不適，奇隆肚痛，我又瀉又嘔，他的助手更為嚴重，嘴唇腫如「孖腸腸」，最後我們分別去了醫院急症室，診斷結果是食物中毒。那是鮑魚燒賣惹的禍，一籠四顆，我跟奇隆各吃一顆，助手吃了兩顆，所以他中毒最深！

本身皮膚黝黑、頂著爆炸頭的助手，中毒後，再配以一雙「孖腸腸」，那滑稽模樣，如今想起，仍讓我忍不住笑出聲來。

當頭棒喝教曉我的事

　　單飛後來港發展的奇隆，歌影視多棲同樣吃得開，有一回他到深圳拍戲，我前往探班，到了羅湖，需要轉車才能到達片場，我站在路上等車，一個的士司機上前問我要到哪裡，可以載我去，我當時一點戒心也沒有，隨他而行，上了他的車，去到片場，工作人員知道後都警戒我，下回要小心，要是碰上不法分子，被宰了也不知發生甚麼事。

　　我在金牌只逗留了短短八個月，便告退了，因為上司是行外人，工作起來意見太多分歧，彼此未能達成共識，加上年少氣盛，沒有把他放在眼內，很多事情直接越過他，自行決定！

　　最後，自覺待下去也沒有意思，於是遞上辭職信。媽媽知道我辭了職，聽完我的苦水後，不但沒有支持我，還狠狠的教訓了我一頓，告誡我待人處事要懂得尊重別人，顧及別人感受，不能自以為是，媽媽這義正辭嚴的一番話，恍如當頭棒喝，把我罵醒了。

2.4

—

加入Mui Music：梅姐風範

梅艷芳的 Mui Music 是我任職的第四間公司。

離開金牌經理人公司後，舊上司即時為我介紹工作，一聽是梅艷芳的 Mui Music，心頭一凜，既驚且喜。

面試那天，梅姐約我到黃埔藝穗會健身室見面，她一面跑步一面跟我聊天，態度親切、氣氛輕鬆，似朋友見面多過見工面試，她還叫我要多做運動，就這樣我被取錄了。

阿姐（這是公司兄弟姊妹對梅姐的暱稱）本身已有助手，我的責任是照顧何韻詩和彭敬慈兩位公司旗下藝人，不過很多時亦要跟阿姐四處工作，因而對她有了更多認識。

跟阿姐工作，從她身上我學會了很多，她的待人處事和工作態度，都教我由衷敬佩。

隨隊赴大西洋城登台

那一年，聖誕期間，我跟阿姐到美國大西洋城登台，能夠隨行，深感興奮，因為這是我人生第一次衝出亞洲，但有幽閉恐懼症的我，想到要把自己塞進那狹窄機位裡，心裡就發毛！

這次美國大西洋城的工作之旅，一行二十多三十人，浩浩蕩蕩，原先該受照顧的阿姐，竟反過來照顧我們，打點一切。到達美國機場，過關後她沒有上車休息，竟留下來等待其他工作夥伴過關，人齊了才安心。

到了綵排時間，阿姐習慣先上香拜神才踏台板，但身在大西洋城何來香枝，工作人員知道阿姐心意，立刻跑到唐人街去買。即使只是綵排，阿姐同樣一絲不苟，腳蹬三、四吋高跟鞋在台上載歌載舞，敬業樂業，盡顯王者風範。

登台期間，適逢聖誕佳節，起程前阿姐已吩咐我們準備禮物，待完成工作後一起回酒店過聖誕，交換禮物，幸運地，我抽中了阿姐那一份。

永遠懷念梅姐

為了工作不時風塵僕僕四處飛的阿姐，有一次到內地工作，忽感胸口不舒服，一時間要出外買藥或看醫生都不方便，那一刻我真的很擔心，記起隨身帶有救心丸，於是提議她試服，或可紓緩不適，其實我真的沒有把握藥丸是否有效，但阿姐二話不說便服下。

我雖然在 Mui Music 工作的時間不算太長，卻深深感受到阿姐對我的關愛和信任。

阿姐不但對朋友好、對下屬好，與傳媒記者關係一樣好，每年聖誕，只要在港，她都會邀請記者到家裡共度佳節，阿姐待人以誠，所以記者朋友都很疼她。

阿姐曾打趣跟我說，我未來的另一半將會是個瘦個子，要是瘦個子出現，一定要介紹給她認識，可惜這個約定不會兌現了，但阿姐凡事為別人著想、顧及別人感受的做人處事和工作態度，卻深深影響了我，成為我學習的楷模。

梅姐的待人處事和工作態度，成為我學習的榜樣。

2.5

重回舊東家：華納「天后」宮

　　重回華納，第一天走進公司，好有一種公司依舊，人面雖已全非，亦有不少改變的感覺。我告訴自己：「重回舊地，我要好好幹一番事業！」

　　當年的華納唱片，歌手陣容變得更為強大，除了天王郭富城（暱稱阿王）外，還擁有葉蒨文、鄭秀文、梁詠琪、張惠妹、孫燕姿及那英六位天后，故有「天后宮」之稱，新人方面則有四人唱跳組合 VRF 及胡諾言等人。

胡諾言性格乖巧念舊，到現在還是很尊重我。

與 Sammi 合作，給我留下許多難忘回憶。

阿王導我食火鍋

不管新人舊將，我都跟他們相處融洽，所以工作起來更見如魚得水，天王天后的專業工作態度更叫我折服。好像阿王，是我見過拍照最專業的一位藝人，只要一埋位，他就能熟練自然地擺出攝影師要求的甫士，好像有一次應雜誌邀請拍攝封面，原先預計兩、三個小時內換三至四套衫，但阿王只花了一小時便完成工作，速度之

快直教工作人員大開眼界，而且出來效果更獲攝影師大讚，一筒三十六張菲林，阿王沒有一個甫士是重複的。從阿王身上，我又一次學會了甚麼是專業精神。

跟阿王合作是挺開心的，出外宣傳時，工作再忙再趕，完成通告後，他都會放下身段，帶我們去吃好吃的東西，有次我跟他到台灣宣傳，他便帶我去吃他最愛的麻辣火鍋，有如食家的他，教我先從油條吃起⋯⋯自此我便跟他一樣，愛上了不能自拔的麻辣火鍋。

也因為華納唱片猛將如雲，不時應媒體需求安排訪問，所以每日都會忙個不停，但亦讓我與不少編輯記者成為好友，好像 MRRM 雜誌出版人蘇啟泰，因著一次鄭秀文（Sammi）為他們拍攝封面，事後我們成為了無所不談的好友。

跟Sammi到石曠場影封面

《君子雜誌》原是一本男性月刊，每年只會找一位女藝人當封面，那一年他們選上 Sammi，外景拍攝，地點是偏僻的石礦場。到石礦場拍攝封面，我跟 Sammi 猶如進行了一次冒險之旅，不僅地勢險要，滿地石頭，我們還要穿過破爛鐵線網，攀高爬低，才能到達現場，加上四野甚麼設施也沒有，Sammi 得在帳篷裡換衫，雖然不便，她卻愈拍愈起勁，過程非常順利，攝影師捕捉了很多精采的瞬間，其中一幅披著長長紅絲巾，站在懸崖邊拍下的相片，出來效

果非常震撼，我事後忍不住要求編輯沖曬一張 8R 相片給我留念。那時的編輯就是初相識的蘇啟泰。

我跟蘇啟泰可說是一見如故，雖非時常見面，卻是無所不談的朋友。有一次飯局我喝多了，竟跟他說起了我年輕時的戀愛故事，他打趣問我，可否把它寫下來登在雜誌，我答他有甚麼不可以，其實那可能是醉話，最後他真的把它寫成了「編者的話」。

與高妹GiGi同屬狗奴

擁有 168cm 身高的我，站在梁詠琪（GiGi）身旁，還是矮了一截，她可真是個名副其實的高妹。我跟她無所不談，加上我們都是愛狗之人，所以話題特別多。那時候媒體都設有名人寵物專訪的欄目，GiGi 每次都要我陪她才會受訪，因為有我在場照顧狗狗她才安心。

我和 GiGi 投緣，當中還有一段淵源。任職助產士的舅母曾告訴我，GiGi 跟她的孿生弟弟都是由我舅母接生的，後來我跟 GiGi 提起，她竟還記得我舅母的中文名字，真的厲害！這不能不說是我倆的緣份啊！

正當我工作愈見得心應手之際，原來背後正有一雙不懷好意的眼睛盯著我……

梁詠琪和我都是愛動物之人，除了工作以外，
我們的話題就一定包括小毛孩，回想以往接受
動物專訪，一定要我照顧她的毛孩才肯答應。

上了「世途險惡」的一課

到今天我還是想不明白，當年在公司，我還是個小妹角色，不知做錯了甚麼，招惹某高層不快。

事緣那時候，公司正部署力捧新人胡諾言，全力為他打造歌曲 MV，為了保持神秘感，拍攝 MV 當日，需要保密，不容記者採訪。惟某高層卻私下聯絡記者，邀他到訪。記者感覺奇怪，採訪工作怎會出動到高層通知，於是致電給我問個究竟，聽後我也懵了，不知如何是好，唯有即時匯報上司備案。

果然不出所料，事後開會，露出狐狸尾巴的高層，聲言我洩密，必要追究。由於同事已知悉事件實情，不作任何反應，高層見不得要領，事件最後也就不了了之。到此，我又上了寶貴一課。

世事難料，兩、三年後，我又要面對公司翻天覆地的改朝換代，全體員工被解散，就連最大的高層也要離座。高層不僅為我們爭取大額的遣散費，還為大家搞了一個大型的「餞別派對」，即使大家都要面對失業問題，還是玩得很開心，不斷喝酒，我喝醉了，嘔吐不止，出盡洋相。

當年出席四大頒獎禮是例行公事，
但我非常享受工作，因為可以和傳
媒朋友及歌手聯誼一番。

2.6

歌手多如繁星：環球視野(上)

2003 年，又再告別華納，隨著辦公室政治看多了，對於離合散聚，習慣了。

經行家介紹，我又很快找到新工作，就是出任某女歌手的私人助理，當一切細節談好之際，卻收到環球唱片某高層十萬火急邀我過檔的電話，並且要求即時見面。

在唱片公司由我一手「湊大」的兩個小妹子，到現在我們都依然保持聯絡，成為永遠的朋友。

因為早有約會，我沒有答應赴約，可是對方鍥而不捨，基於對方一番誠意，又是唱片業前輩，我不好意思再推卻，最後約在凌晨點幾鐘見面。

大家見面，才打開話匣子，對方已道明來意，表示經朋友推薦，一定要我答應到環球幫手，那一刻我真的受寵若驚，我哪來的能耐要一位高層等到深夜來見我？

即使對方盛意拳拳，但我已答應另一公司，於是婉拒，當他聽到我的去向後，頓時吁了一口氣，表示認識我新公司的高層，會出面搞定，讓我過來。一時間，我的搶手程度連自己也吃驚起來。最後，我還是選擇了環球唱片，做我熟悉的宣傳工作，對於之前所答應的那位女歌手，到現在還是深感歉意。

沒膽鋤強但堅持扶弱

雖然被賞識到了環球唱片這間大公司，但我並沒有飄飄然的感覺，大公司畢竟有大公司的人事和規矩，置身其中，再多考驗，我都會堅持，做好本份，因為我是個打不倒的胖妹。

當年的環球唱片，歌手陣容鼎盛，譚詠麟、李克勤、溫拿樂隊、張敬軒、張栢芝、余文樂、黃家強、黃伊汶、王菀之、2R、陳文媛、Double R 及刀郎等舊將新人，濟濟一堂。每天的宣傳工作密

密麻麻，滿以為自己已經練就一身好武功，工作再多，也是兵來將擋，誰知卻遇上一位要求極高的新上司，頒下指令，要我負責所有歌手的宣傳工作。每個歌手發片，至少要有十五個訪問，要是幾個歌手同期出片，對我來說真是一個大考驗。好在我是不倒翁，在沒有同事幫忙下，日間安排歌手訪問，晚上七、八時跑回公司處理文書工作，餓了便打電話到樓下茶餐廳叫外賣，光顧多了，連對方都認得我的聲音，忙起來，每晚待到十一、二點才下班已是等閒事。同事都笑我是個工作狂，更為我取了個花名，叫做「造造係咁做」！

我還遇過喜歡邀功的上司，每當我為歌手，尤其是新人爭取到當知名雜誌封面時，他就會對人說這是他的功勞，可惜他卻忘了，許多歌手都知道封面是我如何爭取回來的，他的自吹自擂聽在歌手耳中，也就沒有意思了。

我或者沒有鋤強的能力，但自小學開始養成扶弱的性格，對於新人又或備受冷落的歌手，我都會加一把勁，竭盡所能，為他們爭取曝光機會。

永遠牢記軒仔夠義氣

環球時代，我做過幾個新人，當中我最疼的，要數張敬軒和2R，我們不但是並肩作戰的工作夥伴，時至今日，依然是要好的朋友。

接觸軒仔時，他已經出道，仍處於新人奮鬥階段。相處過後，發覺他是一個很有禮貌的大男生，他的音樂根基很好，而且兼具內涵，是個實力派唱作歌手，只是欠缺一個機會。我很欣賞他，所以用盡人情卡，向媒體好友推薦他，為他安排訪問，後來一首〈笑忘書〉，軒仔終於熬出頭來，繼而再來一首〈酷愛〉，令他人氣飆升，樂壇發展穩步上揚。

軒仔熱衷工作之餘，也是個愛狗之人，工作過後，很多時他都會來我家探望毛孩，他跟其中一隻叫 Ceci 婆婆的狗狗感情特別好，有時更會陪我上山遛狗，所以跟我媽媽同樣稔熟。

軒仔與我家的 Ceci 婆婆特別投緣。

由新人軒到現在的「軒公」，
軒仔待人真誠的處事態度，
一直沒有改變。

人與人的相知相交，除了緣份，真心相待才是最重要。2007年，我罹患癌症，需要接受三個小時的手術，完成手術後，我張開疲乏的眼睛，媽媽跟我說：「軒仔來了。」

我望望軒仔，用微弱的聲音問他：「你怎麼來了？」

「我怕伯母擔心，來陪她等你做完手術出來。」

軒仔話音剛落，我已忍不住流出眼淚，在感動和疲累中，迷迷糊糊地睡著了。

事隔十六年，每次想起當時畫面，我還是暖在心頭。

其後，我倆雖然轉了不同公司，但仍然保持聯絡，他對我的細心體貼從未變改。記得他第一、二次舉行演唱會，印製場刊時，不忘預留一版免費廣告給「大樹下」；2021年舉行演唱會的慈善拍賣收益，「大樹下」也是受惠機構之一，他對流浪毛孩的支持，令我心存感激。

2.7

歌手多如繁星：環球視野 (下)

2R，這個二人女子組合，是我在環球工作那幾年間所帶的新人。這個來自新加坡的姊妹組合，Rosanna（黃婉君）和 Race（前名黃婉伶，現名黃婉佩）憑著青春亮麗的外形，甫登陸香港樂壇便備受矚目，歌影視多線發展，尤其深得年輕粉絲歡迎。

兩人離鄉背井來港發展，人生路不熟，在安排工作之餘，我還會打點她倆的日常生活，難得兩人都很信任和尊重我，所以我很疼她們。出道以來她倆都很受媒體歡迎，封面拍攝及訪問不斷，最高峰期是連續兩三個月不停登上雜誌封面。

正當 2R 埋首工作，人氣日增之際，家中突然傳來噩耗，外婆走了，Rosanna 收到消息後，即使傷心難過，也不敢即時告訴妹妹，怕她承受不了。令她們更難為的就是外婆奔喪日，剛巧碰上早已安排好的商場簽唱會，因為兩人人氣正盛，高層不欲她們取消活動，眼見姊妹兩人心繫家事，我心中不忍，跟高層商量，動之以情，簽唱會取消後，稍後可以再搞，但錯過喪禮，兩姊妹可能遺憾一生，好在最後高層被我打動了，接受我的意見。

GiGi 女兒舉行百日宴，我們到賀。

小女孩變身人妻

　　2R 兩姊妹真的好乖好勤力工作，雖然最後兩人退出演藝圈，但每隔一陣子，就會傳來短訊問候我，兩人結婚也有邀我出席，Race 在新加坡舉行婚禮，我更專誠飛往喝喜酒。Race 真的很有我心，香港疫情最嚴重時，大鬧口罩荒時，她專誠用快遞寄上口罩，我感動她時刻對我的掛念。當天兩個大女孩，今天都已結婚、做了媽媽，擁有幸福家庭，我也老懷安慰了。

　　還有，兩人十多年前送給我的銀包，即使舊了、破了，我今天仍在用，因為當中載滿了我們一起打拼、彼此交心的美好時刻。

　　加入環球唱片，雖然工作量比過往任職的公司都要多，但我卻做得非常開心，無奈最後環球唱片跟正東唱片合併，我是留下來的那一組。直到 2007 年公司出現大地震，人事變動，我工作的那一組被另一組接收了，新任總經理雖然叫我留任，但誠意欠奉，最後我決定跟上司過檔大國文化。

Race 結婚，專誠邀請
我到新加坡出席她的
婚禮。

2.8
從大國文代到自立門戶 (上)

每當唱片公司改朝換代，都要成組人起身，踏入 2007 年，又要跟做了三年多的環球，告別了。

隨舊上司過檔大國文化，除主力宣傳唱片外，我們更要兼顧藝人的管理工作。當年的大國文化早已擁有天王郭富城，我們過檔後，再陸陸續續簽下其他歌手，包括 Dear Jane。當年的 Dear Jane，是朋友推介給我的，我覺得他們的創作和形象不錯，於是推薦給上司，簽下他們。

湊Dear Jane有滿足感

Dear Jane 的首支主打歌叫做〈別說話〉，亦是他們出道後的第一首流行情歌。記得郭富城經理人小美姐說過，藝人上台表演的衣服一定要夠閃亮，我覺得很有道理，牢記心中。直至 Dear Jane 出席一個服裝品牌音樂會，那個品牌主打的都是 T 恤、牛仔褲，於是我想起了小美姐的話，演唱會舉行前兩天，我去完贊助商取衫，立即跑到銅鑼灣女人街，買了一大堆水晶熨貼，回家後加工，貼在每件衣服上，當他們上台表演，閃個不停的那刻，我真的很有滿足感，再辛苦也覺值得了。

　　Dear Jane 算是由我一手一腳帶出來，我們的感情很好。記得有段時間主音阿 Tim（黃天翱）要減肥，連續七日都不敢多吃東西，每次我們吃東西時，他就只有看的份兒，真的很殘忍，但他意志堅定，美食當前也不為所動。

眼見 Dear Jane 有今天的成就，我都替他們高興。

ViuTV年代

因為大國文化在北京設有分公司，所以內地所簽的歌手來港宣傳時，我們都要照顧。工作了一段時間後，當時的母公司要求我們同時兼顧管理 NowTV 101 台的藝員，自此正式兼顧藝員部的管理工作。當時藝人包括黃婉曼、黃心美、陳炳銓、陳子豐及朱汶欣等。幾個月後，又到 Now TV 102 台誕生，我記得當年舉辦了一個 Now TV 觀星台 CEO 選拔比賽，這個比賽旨在選拔司儀人才，最後由陳安立（Brian）奪冠，得獎者還有亞軍鄧泇玲、季軍陳俞希、殿軍羅沛淇，全部簽進藝員部。

　　初賽期間，這班大孩子常到公司開會，我對 Brian 印象最深，他身高 187cm，特別搶眼，加上斯文有禮、口才不俗，頗予人好感，他亦是我心目中的冠軍人選。到每個得獎者簽約時，我都會先跟他們聊聊天，了解一下，原來 Brian 跟我是同月同日出生的，也許因為同是山羊座，故此特別投契。

　　黃心美是另一位我最為欣賞的藝人，她外形好，語言能力強，最令我佩服的還是她超強的記性。她敬業樂業，是一個非常出色的司儀。我跟她合作無間，試過一日連跑三個司儀活動，她真的可以有條不紊地將所有講稿牢牢記進腦裡。

在 ViuTV 的日子，認識到一班好夠義氣的藝人同事。

經常跟黃心美出席司儀
活動，首次戴頭盔。

工作久了，我們養成一個習慣，就是出場前，都會擁抱一下，互相鼓勵。還有，我一定要站在她視線所及的地方，她才心安。好在我是個骨格精奇的胖妹，站在甚麼地方她都看得見，正好印證了天生我肥必有用的道理。

台下的我，其實同樣緊張，我會小心翼翼地看住手上的司儀稿，留意她有否出錯，務求第一時間給予協助。記得有次嘉賓正在台上預備祝酒，我發覺工作人員竟沒有準備酒杯，事態危急，我立時通知他們，還好趕得及遞上酒杯，終告化險為夷。面對突發事件，除了心美臨危不亂，懂得應變外，台下的我，同樣要一眼關七，臨場執生。我跟心美的工作默契，就是這樣一點一滴培養出

陳炳銓及鄧洢玲為雜誌介紹行山路徑，下山時我不小心扭傷腳踝。

來，更成為我們日後一起打拼的契機。

　　大國文化是我工作時間最長的一間公司，一待九年多，我雖然仍在公司擔任小妹角色，但磨練令人成長，對未來我有了更多想法，尤其後期我要同時管理 NowTV 及 ViuTV 藝員部工作，更促使我對前途有了更多的籌算，期間亦有傳媒朋友見我工作時有不順，鼓勵我自立門戶，做個獨立經理人，但自感學歷有限，要學的東西還有很多，未有足夠信心一試，所以徒有想法，始終不敢貿然實行。

　　直到 2017 年，有感時機成熟，我終於成立了自己公司，亦改以合約形式繼續効力 ViuTV 藝員部，時為兩年。

2.9
—
從大國文代到自立門戶 (下)

　　成立個人公司，主力管理藝人工作、接辦唱片、演唱會及電影宣傳事宜，我目前藝人，共有黃心美、黃劍文及林希靈三人。當天，黃心美知道我辭職後，即使有約在身，仍聲言要跟我一起走，後來她跟公司解約，我們又再一起並肩作戰了。

　　黃劍文，原不是我帶的藝人，因他要出唱片，所以他的團隊找我幫他做唱片宣傳。從他暖心的歌聲，到知道他的成長背景，我開始了解這位大男生，彼此投緣，直到他約滿後，主動找我幫手，因為我覺得他是個可造之材，於是達成共識，一起打拼。

　　至於與林希靈合作，當然是因為她是陳安立女朋友 (現為太太) 的緣故。林希靈離開舊公司，想轉換新環境，陳安立找我幫手，以我跟他的關係，我二話不說，即時答應，因為我有留意林希靈過往的表現，覺得她是一個很有潛質和想法的藝人。而且她是一個爽朗、隨和，為人設想的女孩，所以我很欣賞她。記得她跟陳安立結婚那天，我真的很開心，全個婚禮，他倆交由我全權負責，我直如主婚人一樣，差在沒有向我奉茶而已。

我跟陳安立同月同日生日，合作後經常一起慶祝生日，當然少不了當天仍是他女朋友，現為太太的林希靈。

在街準備 Busking，
我在場打點一切。

上天給我一棵「大樹下」歇息

任職娛樂工作二十多年，一直忙著，成為別人眼中的工作狂，以幫助別人為己任，往往忽略了自己，身體透支變得千瘡百孔。我帶過的藝人岑樂怡曾經跟我說：「Jo 媽，你要愛自己多一點，多留時間給自己，你為人設想，也要為自己想想。」

有了自己公司，我終於可以做一些想做的事情，帶自己想帶的藝人。不過要獨自經營一間公司委實不易，單是疫情期間，幾個月來幾近零收入，也許這是上天給我的安排，叫我好好休息一下，同時可以有更多時間到「大樹下」照料毛孩。

我自小的夢想，就是想擁有一個動物園。我喜歡動物，做過牛義工。現時在「大樹下」照料毛孩，我彷彿有個使命，就是要好好對待流浪動物。盡我所能去看守牠們，給牠們愛，給牠們家。

我曾罹患癌症，經歷過生死，我沒有怨天尤人。五年過去了，我早已「重新」做人，雖然身體依然長期透支，外強中乾，但我熱愛生命、熱愛工作，為我愛的人、我愛的毛孩，差點忘了我愛的自己繼續打拼，因為我始終是那個不會因困難而氣餒的胖妹。

與這班藝人合作無間，而 ViuTV 工作最後一天，我仍帶黃奕晨、黃心美及岑樂兒出外工作，離開時他們送給我一個 Goodbye Kiss。

CHAPTER 3

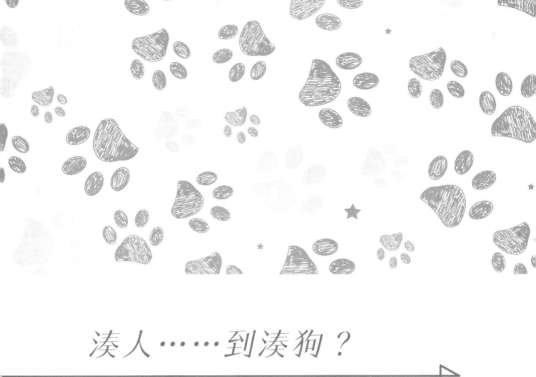

湊人……到湊狗？

開啟我的浪浪誌

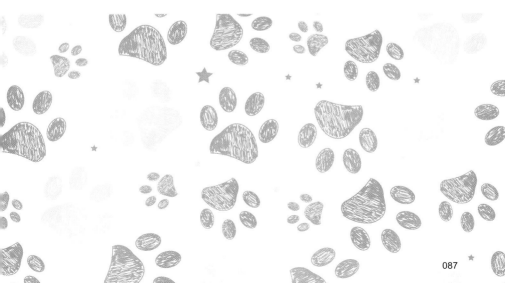

3.1

從獨立義工開始

外公一屋毛孩、寵物，成為我小時候照顧動物的開始；荔園動物園裡的大象天奴，激發我長大後要擁有一個動物園的夢想。照顧毛孩，彷彿就這樣成為了我的終身事業。小學六年級，在外公資助首期下，我家得以從深水埗白田邨搬到土瓜灣的唐樓單位，對我來說，不僅家居大了，最重要的，是我們終於可以養寵物了！

我們一家都愛動物，當中又以我最為落力。也許是我跟動物的緣份吧，我愛牠們，牠們也很親我。其實現在回看，原來小小年紀的我已開始做動物義工，先從外公家裡開始，後來搬到土瓜灣新居，我們這個愛狗之家，很快便傳遍整個土瓜灣區，每有街坊撿到浪浪、為街坊尋找走失毛孩，旁人就會說，快去找陳師奶幫手。

陳師奶就是我母親大人，一有求助，她就會夥同女兒幫手，而那女兒就是我。原來我媽跟我一直默默做著關顧毛孩的「獨立義工」。由於當時家居唐樓，可以飼養動物，除了自家所養的毛孩外，對於街坊的要求也來者不拒，慢慢變為了動物收容所和中轉站。同事、朋友知道我家是愛狗之人，每有外遊，就會把狗狗帶來我家託養，而我家也確實無任歡迎，故此深得他們信任。

紅燈山快樂時光

　　在我未外出當動物義工前，又真的撿過、救過不少浪浪或走失的狗狗，當中不乏驚險、有趣和賺人熱淚的例子，其中很多至今仍深印腦中，常與同道分享交流。投身社會後，即使日間再忙再累，每晚回家，只要扭開大門，家中的狗狗就會撲上來，搖著頭、甩著尾巴，高高興興歡迎我，因為每天遛狗的快樂時光到了。待我換好衣服，牠們就會爭先恐後出門去，雖然我自小孔武有力，但是一時間要拖緊幾隻大狗，也很是吃力，有時遇上狗狗爭風呷醋、撒野，我更要蹲下來，安撫牠們，抱一下、親一下，牠們才肯繼續前行。紅燈山，是牠們最愛到的地方。我也不知道何來的膽子，一個女孩子竟敢每晚摸黑帶牠們上去，也許我深信牠們會保護我，只要看見牠們興奮的跑來跑去，我就樂了，甚麼恐懼都會丟在腦後。

　　遛狗，是我每天工作過後，可以安靜下來，享受片刻屬於自己的私人空間。也許我跟毛孩都有著互相感應的能力，在遛狗時，不時會遇上浪浪，又或走失的狗狗。一晚，我帶著家中的金毛尋回獵犬 Punk 仔出外散步，好端端的 Punk 仔忽然發現有異，逕自跑到停在路旁的垃圾車前，我跟著上前看個究竟，冷不防一隻毛茸茸的東西竄了出來，我定睛一看，是隻可愛的西施狗，還以為遇上陌生人，牠會一溜煙的跑掉，沒想到牠竟然停下腳步看著我，為免牠受驚亂竄，我跟牠說：「不要怕，我帶你回家。」

十來歲的我，已一拖五遛狗去。

　　那小狗好像會聽人話，乖乖的被我抱起帶回家。每次撿到毛孩，我都會第一時間為牠們清潔、替牠們洗澡。檢查過後，看上去年紀有點大的西施狗不是浪浪，牠該是走失的毛孩。因為那時候，還沒有互聯網、社交平台，為牠找回主人，就只有靠狗友口傳和張貼街招。在找到主人前，我就把牠留在家裡照顧，並且為牠起了名字叫 Bobby。為何我會叫牠 Bobby，是直覺吧，牠的樣子看上去，就應該叫 Bobby。Bobby 很乖、很聽話，但牠卻經常便秘，看牠憋便憋得辛苦時，我們一家都會為牠難受。為了解決牠的便秘問題，我和媽媽嘗試改變牠的飲食和排便習慣，當看見牠排出香蕉似的便便時，我全家都興奮得叫出來：「Bobby 拉屎了，Bobby 拉屎了！」

尋回失主

解決便秘問題後，Bobby 變得更開心，整天在屋裡跑來跑去，更難得的是牠跟我家的毛孩打成一片，時常玩在一起。我家都愛上牠，但我沒有把牠據為己有的私心，一直為牠尋找主人。四個月後，狗友傳來消息，找到 Bobby 的女主人了。原來她也是土瓜灣街坊，當日她帶 Bobby 下樓倒垃圾，冷不防被一個醉漢嚇跑，之後遍尋不獲。聽到消息，我高興極了，致電給她，她即時說出 Bobby 的特徵和便秘問題。

相約公園交收，主人一見 Bobby 便叫：「Bobby！」真的事有湊巧，原來狗狗原先的名字就叫 Bobby。Bobby 一見主人便向她跑去，沒想到牠跟主人相認後，又跑回來我身邊，好像是要跟我道別一樣，我摟摟牠，牠便跟女主人離去了。女主人很感激這段時間我們給 Bobby 的照料，尤其解決了牠的便秘問題，她更驚訝的是 Bobby 變年輕了、活潑了，原來牠快十二歲了。Bobby 在我家生活的那段日子，我們都很愛牠，牠對我們也絕對信任，雖然牠的年紀看得出有點大，但牠卻愈活愈頑皮搗蛋，經常在沙發上跳來跳去，有如返老還童一樣。

為狗狗找回主人，我可以放下心頭大石了。

3.2

不會忘記在牛場的日子

因為喜愛動物，我與媽媽在不知不覺中在土瓜灣區當上了「獨立義工」，土瓜灣街坊阿慧經常跟我說，叫我到「大樹下」狗場幫手，那裡極為需要義工，不知何故，我卻沒有放在心上。

後來，我在 facebook 上，無意中看見有組織招攬義工，原來是牛義工，我留言後，義工很快覆我，相約見面。

準時到達牛場，跟義工道明來意，義工指指在旁的石屋門口，我一看，石屋門口放着一堆用黑色垃圾膠袋包住的東西，看似垃圾，義工見我一臉狐疑，告訴我場主就睡在裡面。怎麼可以睡在垃圾膠袋裡？我一時間驚訝得說不出話來！

也許我跟義工的對話吵醒了場主，她慢慢的打開垃圾膠袋，從裡面鑽出頭來。只見場主一頭亂髮、一臉病容，尤其一雙疲累無神的眼睛，教人擔心。

場主勉強站起來招呼我，她可能知道我心中的疑問，指指地上的垃圾膠袋氣若游絲地說：「不好意思，我昨晚著涼了，發燒，其實睡在垃圾膠袋裡，可以保暖和防水。」

毛孩契約：我用了 18250 天走到大樹下

兩隻乳牛體形健碩、長相俊朗，而且性格馴良、討人歡喜。

「哪你吃過東西沒有？」

「有，我之前吃了幾塊餅乾。」

忽然地，我為一個站在眼前不顧己身的弱女子難過起來。

為牛可以去到幾盡

　　場主，原是中環的白領麗人，因著一次新聞報導：九七將至，香港即將回歸祖國，需要整頓全港流浪牛隻，報導中有人用泥頭車夾起牛隻，放在另一卡車上送走，有牛隻因掙扎跌落地上，場主愈看愈難過，不禁哭了起來。

　　為了進行拯救行動，場主不惜變賣居所，把牛贖回來，在大棠開設牛場照顧，自此，她便卸下洋裝，變做一個牧牛人。

　　要一個原本弱質纖纖的都會女性，去照顧百多隻流浪牛牛，真是談何容易？期間她不僅要面對人手、財政問題，還要面對惡勢力的肆意搗亂和附近居民的抗議反對。

　　曾有商人覬覦她的牛場，想發展成牛牛景點，被她斷然拒絕，聲言不會出賣牛牛牟利，自此她的牛場便被人肆意破壞，截水割

電，駛來水車灌水牛場，令牛場瞬間變成澤國，牛牛無處躲避……常受逼迫的場主不勝其煩，為了牛牛有更舒適寬敞的居住環境，決定搬遷，她看中了一座山頭，洽談過程，對方表示整個山頭都可以放牛吃草，誰知搬過去後，卻遭附近村屋居民強烈反對，牛牛上山時不許經過他們門口，場主不得要領，唯有改買乾草及飼料，令支出大增。

經營牛場不易，盡心盡力為牛牛付出的場主，在十多年間，不僅變賣物業，更耗盡所有積蓄。

為了牛場，場主省吃儉用，居所簡陋，連洗衣機和熱水爐也沒有，冬天生活尤其磨人，洗濯衣物，雙手接觸冷水太多，早已乾得皮開肉裂，照顧牛牛後回到家裡，也不可以痛痛快快地洗個熱水澡，消除疲勞。我媽媽和弟弟獲知她的苦況後，分別贈予洗衣機和熱水爐，以紓緩她的生活壓力。

除了愛狗 也愛牛牛

第一天到牛場工作，我首要學習的就是用鏟子清理牛大便。牛牛屬於草食性動物，糞便不臭，但分量可觀，一大坨、一大坨的，清理起來也頗為吃力，但我照顧開狗狗毛孩，對清理牛大便，不感厭惡。

坐在地上的，就是最愛沖涼玩水的寶珠牛牛。

　　清理牛糞外，我還要為牛牛準備食物，首先在地上一字排開三十個圓膠盆，從糧倉取來綠豆粉及麥片等食材，加水拌勻，然後將盆子放在不同位置，隨後再取來稻草給牠們吃，單是這些事前準備工夫，就要花上兩個鐘頭。因為牛場工作，沒有機器輔助，全靠人力，所以義工擁有充沛體力最為重要。

　　照顧牛牛前，場主都會提醒每個義工，工作時要小心保護腳趾，不要被牛牛踩到，因為不小心被牠們踩中，腳趾即斷無疑，所以必須跟牠們保持小小距離，還有不能站在牠們身後，因為牠們一受驚，就會踢起後腳，要是被踢中，後果堪虞！

　　牛牛都是很聰明乖巧、很有靈性的動物，牠們都知道我們對牠們好，牠們都有自己的名字，也聽得懂我們的叫喚，日常生活牠們也很團結，深明長幼有序，有一次我要將牠們趕到另一牛棚去，只要叫得動牠們的老大，牠們就會乖乖排隊跟從，很是有趣。

別怕 我來救你

　　儘管照顧牛牛，是非常消耗體力的勞動，但我還是會定期到牛場幫手。有一天，來的義工不多，正當我獨自工作時，忽然傳來若隱若現的怪聲，我一再定神細聽，再循聲音走去，發現一隻走失的小牛掉進水井裡，無助的嗚咽著，我靠近井口，一邊安慰牠：「乖，別怕，我找人來救你！」，一邊大喊救命。

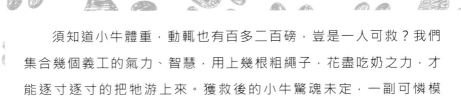

須知道小牛體重，動輒也有百多二百磅，豈是一人可救？我們集合幾個義工的氣力、智慧，用上幾根粗繩子，花盡吃奶之力，才能逐寸逐寸的把牠游上來。獲救後的小牛驚魂未定，一副可憐模樣，用盡氣力的我們終於鬆一口氣，輕拍牠，把牠帶回牛群去。

小牛也許知道我是牠最大的救命恩人，每次到牛場，只要見到我，就會跟在我背後，很是黏人，所以我也很疼牠。

除了餵牛牛乾草飼料，我們也會餵牠們蘋果、香蕉當點心，因為蘋果核含有微毒，場主一再提醒我們餵食前一定要去芯去核；香蕉則要去皮，免得牛牛把蕉皮吐在地上，做成滑倒意外。可是其中一個義工聲言有朋友在外國開農場，餵牛牛進食蘋果和香蕉向來毋須去芯去核去皮，一樣吃得健健康康，於是不聽指示，照餵可也。

最後，真的出事了。

搶救大行動

多隻牛牛在進食原條香蕉後腹瀉，而且很快感染其他牛牛，場主見事態嚴重，著義工把未被傳染的牛隻分開，再在腹瀉的牛牛屁股上打個記號。

傳染速度實在太快，轉眼間差不多已有一半牛牛被感染。養牛十

多年來，場主從未見過如此情況，心裡很是害怕和擔心。與此同時，我急召媽媽和弟弟前來幫手，他們趕到時，一隻小牛已經死了。

事不宜遲，要即刻為牛場進行消毒，這是我第一次背起消毒機，如臨大敵地全場噴灑消毒藥水，還要第一時間清理地上牛牛的排洩物，一晚下來我至少清理了五、六十灘牛牛便便，否則再傳染開去，後果便更不堪設想。

為了牛牛健康起見，我們即晚找來獸醫為牛牛打針，因為要動用四、五個人才能把牛牛按住，所以現場一片忙亂。牛牛腹瀉總算止住了，場主跟我們幾位義工亦已筋疲力竭。因為一個義工的不聽指示，結果引發一場牛瘟。但最令人難過的，到了第二天，還是有幾隻牛牛熬不過去，死了。

牛場共有百多隻牛牛，黃牛和水牛外，還有四隻公乳牛，因為公乳牛不能榨奶，所以多被放棄，場主知道後，心裡不忍，又把牠們贖回來，養在牛場，一轉眼便養了十多年。

四隻乳牛真的是龐然大物，牠們比我還要高，在我心中，牠們就像一隻一隻很大的狗狗，又乖又聽話。不過後來有關部門指場主所養的乳牛營養不良，要接手管理牠們的飲食，改以啤酒、麥精、生雞蛋、鹽混在一起作為飼料，為牠們補充營養。結果，養了十多年的四隻乳牛於一星期內先後離世，叫人傷感！

我還記得其中一隻乳牛臨終前，我們守在牠身旁，場主特別為牠播放佛經伴牠上路，並囑咐我們，千萬不要在牛牛面前哭、流眼淚，因為牠看見我們傷心難過便捨不得走。場主真的很堅強，她不停叫牛牛跟著菩薩、跟着白光走，而躲在一旁的我，早已哭成淚人！

記得我嗎？

牛場是我的第一份義工工作，由於消耗體力太多，工作起來愈見吃力，本身已有五十肩的我，右手已難舉起，健康響起警號，我只有無奈地選擇休息，先行養好身體，所以再沒到牛場幫手了，但我對場主、每位義工和一眾牛牛，不曾忘記過。

幾年後，我帶唸幼稚園的姪兒參加學校旅行，沒想到地點就在牛場隔鄰的農場。舊地重遊，牛場往日景像再又一幕一幕湧上心頭，場主、牛牛、一眾義工，你們還好嗎？

站在場外，眺望場內，牛牛三三兩兩，當中可有我熟悉照料過的寶寶？

突然，我想起其中一隻很愛玩水的牛牛叫寶珠，有一次我用水喉為牠洗身，在牠身上潑了兩下，見牠樂了，逗牠，要繼續嗎？牠好像聽懂我的話，居然點頭。動物其實都很有靈性，你對牠好，牠會雙倍回你。

想著想著，來了童心，我向著牛群一再大叫：「寶珠，寶珠……」良久沒有回應，正想離去，看見遠處一隻牛牛正蹣跚地走過來，是寶珠嗎？真的是寶珠嗎？牠真的還記得我嗎？

3.3
—
「大樹下」好遮蔭

我當動物義工以後，大部分時間都放在「大樹下」身上，大家對「大樹下」的故事又知多少？

「大樹下」，始於 1985 年的西灣河。當年，西灣河一個工地養了一隻狗狗看門口，工程竣工後，狗兒卻被遺棄了，只得流浪街頭。「大樹下」創辦人曾先生心中不忍，收養了牠，改名大中中，牠就這樣成為了「大樹下」的首位「住客」。

自從收養大中中後，曾先生對流浪狗隻愈見關注，不惜租下「大樹下」位於現時錦田的庇護站，讓牠們有一個真正的家。

由於收養的狗隻愈來愈多，需要更多人手照顧，於是組織起義工團隊，為狗隻洗澡、剪毛，跟牠們玩耍，讓牠們感受愛與關懷。

為了向公眾推廣愛護動物信息，「大樹下」於 2012 年正式成立，取名為「大樹下善待動物庇護站（錦田）有限公司」，並註冊成為慈善團體。為了狗隻健康，「大樹下」也會聯絡漁農自然護理署和香港愛護動物協會，為牠們注射疫苗和進行絕育手術等。

這些年來，「大樹下」都靠一班義工、熱心人士支持、慢慢凝聚成為一棵枝大葉茂的樹木。「大樹下，好遮蔭」，希望能為受盡風吹雨打的流浪毛孩提供一棵大樹，給牠們一個「遮蔭」的棲身之所……

「大樹下」創辦人曾先生，年屆七十，仍胼手胝足打工賺錢，幫補狗場支出。

3.3A

我跟「大樹下」的緣份

因為做過牛義工，所以在義工圈子裡很多朋友都認識我，我也時常跟他們分享我跟牛牛相處的故事，奈何體力不支，健康響起警號，只好告別牛場，先行休養生息。

很多傳媒好友都是愛護動物之人，他們都知道做義工不易，所以都很支持我們，不時捐贈金錢和物資給動物機構。離開牛場後，有位相熟記者阿旦致電給我，告訴我她有任職酒店的朋友，可以送出大量舊毛巾，問我牛場有否需要？據我所知，牛場用不上這麼多毛巾，於是問她可否轉送狗場，阿旦沒有異議，只要能幫助毛孩就好。

那時候，我對香港的狗場所知不多，於是上網搜集了很多有關狗場義工組織的資料，一再核實它們的可靠性，從中選了幾個動物機構，再跟它們聯絡，相約交收時間和地點。

交收當天，一個老人家，帶著一位資深義工，開着農夫車前來收取毛巾。老人家一再感激我們的安排，連聲道謝。老人家看上去都有六十多七十了，風霜的臉上露出慈祥的笑容，他教我想起了外公，所以我對他的印象特別深，原來他就是「大樹下」創辦人曾先生，那資深女義工就是燕姐。

　　後來我跟街坊阿慧提起「大樹下」，還有那個很像我外公的曾先生，她沒好氣的瞟我一眼：「我一直跟你提起的『大樹下』，不就是這個狗場！」這時我才如夢初醒，也許時機未至，幾年來我都沒有把阿慧的說話放在心上，經送毛巾一役，我跟「大樹下」、曾先生、燕姐和狗場毛孩連在一起了。在阿慧帶領下，我進到「大樹下」，成為他們的一分子，開始了我當狗場義工的日子。

收到酒店捐贈毛巾，我要親力親為分發、搬運，雖然吃力，但值得。

未翻新的「大樹下」舊貌。

未翻新的「大樹下」設備破落簡陋。

守護毛孩的一棵大樹

　　「大樹下」位於錦田山邊，由破落豬欄改建而成，設備非常簡陋。這個狗場何以叫作「大樹下」，據知有一次曾先生遙看對面山頭，看見一棵大樹巍然屹立，就像是大地母親遙遙守護著我們這邊的狗場，寓意「大樹下，流浪毛孩好遮蔭」。

　　曾先生於 1985 年開始救助流浪動物，任職地盤的他一手一腳搭建狗場，將撿來的鐵枝造成狗籠，照料牠們的起居飲食，時至今日，快四十個年頭了。起初孤軍作戰的他，不言艱辛，2012 年正式成立「大樹下」，雖然得到義工幫忙，經費依然緊絀，入不敷支。即使年屆七十，他仍然在地盤打工賺錢養活一班毛孩，最艱難時期，他需要硬著頭皮向店舖賒借狗糧物資，起初店舖體諒他的處境，作出通融，但長貧難顧，有些店舖聲言，舊債未清，不再賒借。叫堂堂大丈夫的曾先生情何以堪，風骨錚錚的他，境況再難，都不改他對愛護動物的堅持。燕姐也是一樣，不想毛孩捱餓，試過將公司同事吃剩的飯菜，帶回「大樹下」做狗狗的晚餐。

　　時光流轉，真的感謝互聯網的誕生，每當毛孩糧食不足時，我們就會在社交平台上呼籲，由於那時候認識「大樹下」的人不多，所以即使貓糧狗糧已過期，只要有人肯捐贈，我們都會接受，務求毛孩得到溫飽。燕姐記得，有些人曾送來實驗米，可是煮好之後連貓狗也不感興趣。由此可見，當時狗場經營是如何的困難！

低調探訪

初到「大樹下」幫手，因為工作關係，每個月我只能去一、兩次。對我來說，到狗場做義工，我心裡還是有些不安和猶豫，深怕狗場裡的毛孩都是瘦骨嶙峋、可憐兮兮，令人心傷。然而去多了，眼見所有毛孩都得到悉心照顧，生活愉快，我才改觀過來。創辦人曾先生、資深義工燕姐，以及多位義工不求回報的辛勤工作，他們的無私奉獻，令我這個「獨立義工」過往所做的，更顯得微不足道了。

有一次，「大樹下」接到周刊的採訪邀請，不知如何處理，找我幫手，我當然義不容辭，一口答應。因為工作關係，我認識很多愛護動物、飼養毛孩的藝人和傳媒朋友，因此負起宣傳推廣「大樹下」的工作，幸得不少有心人的支持，他們知道「大樹下」的經營窘境，都會透過探訪、捐贈款項物資、領養和資助毛孩醫療費用等方式，以解決狗場的燃眉之急。

沒想到，有很多藝人、團體聯絡我，希望到「大樹下」當義工，對於這些有心人，我自是來者不拒，不過他們都有一個要求，就是要低調行事，不欲傳媒報導，以免被誤會為了做宣傳。

經記者朋友介紹，我認識了一位經營寵物藥妝的市場部要員，她很想到「大樹下」來探訪毛孩，並表示會與兩位藝人朋友一起前來，對於有心人到訪，我們自是無任歡迎。

扁扁與肥咩咩

到訪當天，藥妝朋友帶來的兩位藝人，原來是袁文杰和楊證樺，這兩位猛男同是愛護動物之人，我告訴他們「大樹下」的運作和毛孩的日常生活後，他們便跟我們一起照料毛孩。袁文杰對於我們收養的名種貓扁扁尤其情有獨鍾，跟牠玩個不亦樂乎。名種貓聽似系出名門，卻是一隻被繁殖場丟在水渠旁的小貓。最後由義工在烈日當空下把牠救回「大樹下」的貓舍，被救回來的扁扁，瘦弱的身體狀況教人擔心，牠因為賣不了錢而被遺棄，但牠很爭氣，在我們悉心照顧下，身體一天一天強壯起來，我們都很疼牠，牠也常向我們撒嬌，很討人喜愛，袁文杰與牠很是投緣，一遇上，就成為好朋友。

從扁扁我想起了另一隻遭遇更叫人心痛的肥咩咩。一天，曾先生接到警方來電，有個老婆婆在家暴斃已一個星期，現場只有一隻貴婦狗，因為警員在婆婆的電話簿裡找到曾先生的電話，所以跟他聯絡，以了解情況。那隻伴屍一星期不吃不喝的貴婦狗，就是肥咩咩。

肥咩咩就是經常成日用這個表情望著我。

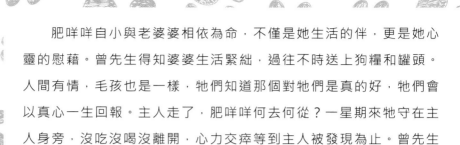

肥咩咩自小與老婆婆相依為命，不僅是她生活的伴，更是她心靈的慰藉。曾先生得知婆婆生活緊絀，過往不時送上狗糧和罐頭。人間有情，毛孩也是一樣，牠們知道那個對牠們是真的好，牠們會以真心一生回報。主人走了，肥咩咩何去何從？一星期來牠守在主人身旁，沒吃沒喝沒離開，心力交瘁等到主人被發現為止。曾先生把牠帶回了「大樹下」。

沒了老婆婆的叫喚和餵食，肥咩咩顯得孤單落寞，終日獨坐一隅，靜靜地，日出日落，像在守候著甚麼，又像在等待著甚麼？哪會是遠方一聲親切的叫喚，或是一陣熟悉的鼻息與體溫？

人人都是毛孩守護者

也許是吃了雜食緣故，初到「大樹下」的肥咩咩，身體肥腫難分，渾身皮膚病，我們除了照料牠的飲食，改善牠的健康，更要解開牠心裡的結，讓牠在新環境裡開開心心的過活，所以每次到「大樹下」，我都會特別關顧牠，擁抱牠、撫摸牠、餵牠、跟牠說話、玩耍。日子久了，這隻孤僻的小狗，終於踏出了新的步伐，每次見到我，就會主動地慢慢的走到我腳邊，要我摸牠，眼見牠的改變和對我的信任，我放心多了。我對牠的付出，牠也給了我莫大的激勵和回報，叫我充滿能量繼續做流浪毛孩的守護者。

袁文杰聽完肥咩咩的故事後，深受感動，表示要每星期帶牠去

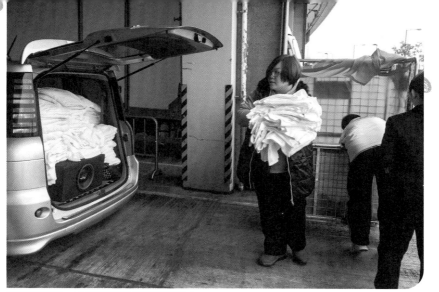
對狗場來說，毛巾是很有用的東西啊！

游水，為牠減肥，可惜，最後肥咩咩還是因病離開了。我只希望這隻去到彩虹橋那邊的小狗，能放開懷抱，快快樂樂地過日子。

正當我跟袁文杰、楊證樺幾個人一邊談笑一邊工作之際，看見曾先生手拿公文袋神色凝重的走進來，眉頭緊皺拉我走到一邊，從公文袋裡拿出一大疊獸醫診所的醫療賬單，從來不報憂的曾先生，原來已無力支付積壓下來幾萬元的欠賬，叫我們一起想想辦法。

我跟曾先生的對話給寵物藥妝的朋友聽見了，她深明我們的難處，不惜回公司跟老闆商量，看如何助我們度過難關，幸得他們幫助，在社交媒體發了一個帖文，表示凡有心人捐贈一元給「大樹下」，他們公司就會同樣捐出一元，令人感動的是只花了一星期時間，就籌到足夠款項，付清所有積欠多時的醫療賬單。這間寵物藥妝對「大樹下」真的很好，往後還不時送來狗糧和健康食品，在此要再次感謝他們一直以來對「大樹下」的幫助與支持。

3.3B
—
我的心頭寶寶

通常狗場的浪浪都是由義工拯救回來的，只有寶媽一家三口例外，牠們是自己上門求救的。

2019 年 8 月，沙皮狗媽媽負傷帶著兩個女兒走到「大樹下」來，也許源於偉大母愛的緣故，受傷、未知後事的媽媽，惟恐自己走後孩子受苦，要為牠們安排妥當才感安心。身負重傷的媽媽，乳頭割破，渾身血跡，毛髮下爬滿牛蜱，牠的痛楚可以想像得到，因為時間不早，我們未能即時送牠們就診，只能小心守護、清潔和餵食，先讓牠們減少痛苦，安定下來。

那夜，我先為狗媽媽除去身上幾百隻牛蜱，讓牠舒服一點，好好休息，至於看上去只有一個月大的小妹，因為無法由母親餵哺，我們只得以幼犬專用的奶粉代替，先為牠補充營養。

第二天一早，我們便送牠們去見獸醫，經檢查後，狗媽媽跟大女兒分別患上心絲蟲和牛蜱熱，最少要半年時間才能治好，至於小妹，因為年紀太小，需要我們帶回狗場觀察七日再進行覆診。因為是自來犬，我們為牠們取了很有意頭的名字，狗媽媽叫寶媽、大姊叫招財、小妹叫進寶。

毛孩契約：我用了 18250 天走到大樹下

寶媽負傷帶兩隻女兒來到「大樹下」求助，果然母愛很偉大。

有主人的毛孩像個寶

　　一星期過去，一家三口已慢慢適應了新環境，健康也大有改善，就在此時，藝人黃宗澤（Bosco）到訪「大樹下」，向來喜歡沙皮狗的他，一眼相中活潑討喜的小妹進寶，問我可否領養牠？領養毛孩，我們當然無任歡迎，但我得把進寶的健康狀況告訴他，再打趣的叫他想清楚。沒想到 Bosco 即時作出決定，要把牠帶回家。由於家中沒有狗狗物品，我便幫他一起到寵物店選購。

自來犬進寶得黃宗澤領
養,成為黃家大小姐。

我很為進寶高興，能遇上 Bosco 這位有心的主人。進寶覆診，他更特別拍下照片傳給我，證明他是一個負責任的主人。每隔一段時間，他就會傳上進寶近照，告訴我牠的生活狀況，以及牠已榮陞為黃家大小姐，養得出趣的牠，看上去更像一隻唐狗，不管牠變成怎樣，他一樣疼牠，只是他嫌進寶的名字太老套，已替牠改名為 Kasha。

　　能夠為毛孩找到一個永遠的家，是我們義工最想見到的結果，那份說不出的喜悅，往往成為我們繼續努力下去的動力。

　　進寶被領養，原先相依為命的一家三口，只剩下寶媽和招財。看得出，小妹離開「大樹下」後，有段時間牠倆都顯得悶悶不樂，我們唯有經常跟牠們玩耍，一段時間後，牠們終於打開心扉，迎接新的生活。

　　招財最愛曬太陽，每天都會爭取時間自由自在的躺在「大樹下」門口享受日光浴。可惜到了 2019 年年尾，牠患上了胰臟癌，發現時腫瘤已擴散全身，部分腫瘤更壓住淋巴腺導致四肢水腫，獸醫表示病情並不樂觀，也無法可施，我們只好帶牠回「大樹下」，轉吃中藥，希望能有一線生機，延至 2020 年頭，招財還是不敵癌魔走了。

不許在彌留毛孩前流淚

　　自此兩個女兒不在身邊，寶媽鬱鬱寡歡，終於鬱出病來。經過詳細檢查後，獸醫眉頭一皺，只叫我們帶牠回狗場，牠想吃甚麼就盡量給牠吃好了。眼見寶媽日漸憔悴，我們於心不忍，希望牠能好好度過餘下的日子。有一次，一位懂動物傳心術的朋友跟我到狗場探望毛孩，她見到寶媽後，轉頭着我盛來一桶水，她跟我說，寶媽愛乾淨，牠好想好想我給牠抹抹身。還有，寶媽非常想念進寶，我只好託朋友告訴牠，進寶給人領養了，牠的主人對牠很好，不用擔心。

　　最後，我按捺著心裡難過，真的想知道寶媽還有多少日子，幾時會到彩虹橋那邊去？

　　友人看我一眼：「三日後。」

　　三日後，晚上九時，我一直陪在寶媽身邊，跟牠說話、輕撫牠，可是牠已不能回應，一味在哊著大氣。有人說，動物彌留，要走了，不要對著牠們哭、流眼淚，因為牠們會不捨上路，為了寶媽能走得安樂，我一直強忍著快要掉下來的淚水。

　　忽然想起要到車上取些東西，離開不夠一分鐘，寶媽便斷氣走了。

我們深愛寶媽一家，寶媽初來「大樹下」，在我們悉心照料下，牠的乳頭痊癒了，健康了，雖然我們不知道之前牠跟女兒經歷了甚麼苦難，要全家逃亡求救，但看見牠在「大樹下」得到庇蔭，重新信任人類，我們也感安慰。

我知道寶媽也愛我們一眾義工，不想我們看著牠離去而難過，我感謝寶媽讓我陪牠最後一程。寶媽，在彩虹橋那邊，你要做隻開心健康的狗狗啊！

3.3C

上天安排 救了病狗一命

　　自小在「大樹下」長大的丁丁，四歲了，長得精靈活潑，熟悉狗場環境，去年一月頭，牠乘義工打開狗籠，一溜煙跑掉，自此失去蹤影，再沒有回來，我們很是擔心，不管日夜鍥而不捨地駕車四處找尋。

　　一個月後，義工仍然沒有放棄找尋丁丁的下落。找尋途中，義工駕車經過錦田附近一個貨倉，見到一群倉狗，發覺其中一隻骨瘦如柴，舉止異常，走起路來一拐一拐的狗狗，走近細看，發現牠的左手已經潰爛，深可見骨，而且軟弱無力地懸在空中，一甩一甩的，教人不忍卒睹。

　　義工見狗狗病況已非常嚴重，惟身上沒有帶備任何狗繩、狗鏈、狗籠及毛巾等物品，不知如何是好，致電給我，當時我正在工作，不能中途離開，只叮囑他們不管如何，即使需要付上龐大醫藥費，也一定要把牠救回來。

　　聽完狗狗狀況，心急如焚的我，完成手上工作，便即刻趕往加入救援行動，深怕狗狗走失，缺乏醫療，很快就會丟了性命。

地盤狗多多

　　原來狗狗是由一班地盤工人所養，自從狗狗受傷後，便任由牠自生自滅，可以想到這段時間，狗狗是如何的備受折磨。好在狗狗看見義工走近，沒有慌忙跑去，壓根兒牠早就因傷患失去了活動能力！

　　面對陌生人，狗狗彷彿知道我們是來救牠的，不僅沒有任何抗拒，更乖乖坐下，這表示牠對義工的信任，就在此時，一位女義工一把抱起牠，馬上帶回「大樹下」，聽到義工報上消息，我才放下心頭大石。

　　回到「大樹下」，燕姐即時為狗狗檢查傷勢，牠的左手不但潰爛見骨，而且發出惡臭，又被遺棄，可想而知牠之前受了多少苦頭，要不是被發現，牠只有死路一條！

　　為了保命，獸醫為狗狗進行了截肢手術。事前我徵詢醫生意見，可否不要切除整隻左手，可惜狗狗左手的腐爛程度已蔓延至膊頭，他的決定也是不得已。少了一隻手的狗狗，並沒有自卑，我很少見到有流浪狗好像牠的乖巧可親。手術後我們帶牠回「大樹下」養傷。自此，每次我到「大樹下」，都會坐在牠的籠邊跟牠傾偈，就好像輔導員似的關心牠、安撫牠。

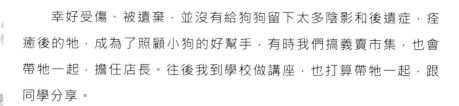

　　幸好受傷、被遺棄，並沒有給狗狗留下太多陰影和後遺症，痊癒後的牠，成為了照顧小狗的好幫手，有時我們搞義賣市集，也會帶牠一起，擔任店長。往後我到學校做講座，也打算帶牠一起，跟同學分享。

　　我相信這是上天給我們的安排，因為丁丁的走失，我們才得以發現這隻命懸一線、亟需救援的狗狗。

　　走過苦難，我們為狗狗改了名字叫多多，取意多多而益善，寓意牠能多福多壽地在「大樹下」生活下去。

3.3D

Happy婆婆 脱苦海了！

Happy 婆婆是燕姐在「大樹下」附近救回來的一隻陌生老母狗，牠瘦骨嶙峋、視力不佳、嘴巴滲血、口氣奇臭，最令人難過的是牠身上長滿腫瘤，給發現時，正被雞場的狗隻欺負。

燕姐把牠救起，送回「大樹下」，誰料 Happy 婆婆有氣無力地排洩完畢，竟倒在地上抽搐起來，嚇得站在一旁的義工大叫，以為牠要死了，好在很快牠就回過氣來，燕姐馬上致電中醫義工求助，表示 Happy 婆婆身體太弱所致，叫我們給牠餵點滴雞精，

吃過滴雞精，Happy 婆婆總算恢復了點元氣。

「Happy 婆婆，你不用擔心，這裡有我們照顧你，再無狗狗欺負你，你安心睡覺好了。」燕姐守着 Happy 婆婆，給牠打氣。

我們仔細檢查過 Happy 婆婆，牠身上沒有晶片，在社交平台發放消息，良久也沒有回應。我們猜想 Happy 婆婆是有人養的，只是年紀老了、盲了、身患惡疾而被遺棄，不管如何，即使無人認領，「大樹下」這個流浪毛孩之家，都會照顧牠，讓牠擁有尊嚴地活下去，直到終老。

畢竟年事已高，Happy 婆婆雖然不用再流離失所，但身體孱弱，抽搐不時發作，最嚴重那次不但要即時入院打針，更要留院觀察。最後 Happy 婆婆還是走了，雖然牠在「大樹下」只生活了兩個月，但當燕姐和我們接到牠的噩耗時，仍然難掩心裡難過。

告別禮那天，一行五位義工，帶來鮮花、零食、經文、經被及紙鶴等物品，讓我們的愛伴牠上路，有尊嚴地走上彩虹橋。

在「大樹下」生活了兩個月的 happy 婆婆，終於去了彩虹橋。

3.3E

—

洪水橋　把冰山劈開

　　洪水橋，是曾先生八年前從地盤附近救回「大樹下」的母狗，牠長期被人虐打，又經常給流浪公狗欺負，下體潰爛，境況淒涼，曾先生於心不忍，收留牠、醫治牠。

　　橋橋（我對牠的暱稱），一如許多流浪狗隻，警戒性特別高，當我們義工接觸牠時，牠就會瘋狂發惡，所以入住「大樹下」八年以來，一直未洗過澡、梳過毛，全身發出異味、毛髮糾結成塊，成為狗之丐幫！

　　當我第一次看見橋橋時，就覺得牠很像我家裡養過的狗狗波波，簡直一模一樣。可能我太掛住波波了，所以每次到狗場，我都會跟牠打招呼，坐在鐵籠邊陪陪牠、哄哄牠，培養感情。

熊出沒注意

　　起初對牠，我也有所提防，有時作狀碰牠，牠真的開口便咬，沒想到牠只是裝腔作勢，唬嚇我而已，於是我放心地一直溫柔地摸牠，也許我的善意牠感受到了，開始讓我剪毛、梳洗，我也回牠，不斷讚牠漂亮，經過半年相處、照料，橋橋已變回一隻人見人愛、

毛孩契約：我用了 18250 天走到大樹下

風姿綽約的狗狗，連燕姐都誇我，把橋橋這座冰山劈開了。

　　因為我相信愛能融化一切，現時的橋橋，每次見到我出現，就會搖尾、躺在地上四腳朝天歡迎我，但對其他義工則不瞅不睬，真的很有性格。

　　好吃好住的橋橋，苗條不再，胖得有如一頭熊人，每次見牠向我跑來，我就會裝作驚惶失措，笑說「熊出沒注意」，要再抱起牠，真是談何容易！

洪水橋不喜歡親人，
但最後被我融化了。

3.3F

肥仔 我永遠愛著你！

肥仔，告訴我，告訴我，你只是睡著而已？

肥仔來不及跟我說再見，走了！

肥仔來自一個不負責任的家庭，由一位義工帶到「大樹下」。

話說義工的公屋朋友，買了一隻阿拉斯加小狗回家，得意趣致的小狗甚得家人歡心，可是這隻小狗長得太快，家人為了控制牠的體重，每天只餵食一餐，以至狗狗營養不良，又怕牠在家裡走來走去，碰碰撞撞，於是綁牠在床邊，活動範圍只有四個階磚，就這樣不人道的過了三年。

義工看在眼裡，不忍，勸友人交給他帶到「大樹下」去，友人答應，最後放下一百六十元便撒手不管。

因為一直不得溫飽，肥仔養成了護食的壞習慣，警戒心也特別重，深怕食物被搶去，所以給牠餵食時，需要特別小心，我們先後便有幾個義工被咬過。不過，我跟肥仔特別投緣，也許我是胖妹，彼此「同胖相憐」吧！

我同肥仔感情深厚，
經常摟摟抱抱。

經常呷醋的小朋友

義工被肥仔咬多了，都不敢走近牠，只有我不怕，心想我不入地獄，誰入地獄，仍不捨不棄的照顧牠。當然，我也曾被咬，為了跟牠融洽相處，每次跟牠見面，我都會先餵飽牠，然後給牠最喜歡吃的麵包和蘋果，博取牠的歡心和信任。

我很喜歡這張我和肥仔的手繪畫。
（插畫：黃昭然）

我們漸漸走近了，也許肥仔把我當成了新主人，傳心師友人告訴我，在肥仔眼中，我是菠蘿包，是牠愛吃的食品，所以放下戒心，愈來愈親我。

後來其他義工告訴我，我不在的時候，肥仔會默不作聲，靜坐一隅，每當牠看見我走入「大樹下」門口，就會興奮大叫，直至我第一時間上前擁抱牠、親牠，牠才會心滿意足靜下來，看著我，要是給牠看見我跟其他狗狗親親，牠就會醋意大起，生我的氣。

肥仔沖涼梳毛都由我一手包辦，動輒花上好幾個鐘頭，不過我們都很享受那些獨處時間，互相成為對方的精神支柱。

好景不常。今年（2023 年）一月五日早上十一點幾，我收到燕姐電話，說喜歡吃東西的肥仔沒有進食，我心知不妙，由於獸醫診所預約名額已滿，要到翌日才能帶牠見醫生。

當天我公司藝人接了司儀工作，要到下午五時才結束。心緒不寧的我不知如何是好，等到工作快將結束時，燕姐再次來電，聲音哽咽……肥仔走了。我心頭如遭雷殛，偷偷躲到後台嚎哭。因為工作未完，我不想影響藝人情緒，一直咬住舌頭強忍淚水。

我要趕入狗場，見肥仔最後一面。

不能磨滅的畫面

我一面駕車一面痛哭，淚水糊滿一臉。好不容易回到「大樹下」，再沒有聽見肥仔興奮的叫聲，牠直直的躺下了。我為牠檢查身體，是因為胃反轉，還是心臟病復發？肥仔的身體還是暖的，我為牠梳毛、用毛巾為牠清潔身體，今次我連牠最討厭別人觸碰的腳趾也可以抹得乾乾淨淨了。

肥仔乖、肥仔乖、肥仔乖……我的眼淚再也忍不住，簌簌落下。

毛孩契約：我用了 18250 天走到大樹下

肥仔之所以叫肥仔，是因為肥嘟嘟囉！

來不及互道再見，肥仔走了，我的魂隨著掉了。

上次離開「大樹下」，我曾答應過肥仔，下次要好好為牠沖涼吹毛，我這承諾永遠都不能實踐了。

肥仔走後那幾天，我變成一具走肉行屍，每當想起跟肥仔的相處時光，會心微笑過後總是禁不住湧出傷心的眼淚。我不會忘記每次離開「大樹下」前，一定會打開鐵籠放肥仔出來跟我在門口嬉玩一下才駕車離去，還有當晚肥仔被寵物善終服務送走的情景。

直到肥仔舉行善終告別禮那天，我告訴自己，要振作，要開開心心送肥仔最後一程。我親手紮了一個象徵「大樹下」的標誌送給牠。肥仔，再見了。

3.3G
—
主人何忍棄養？

主人有時會帶柯得出街街曬太陽。

　　動物棄養的問題一直存在，隨著近年移民者眾，棄養問題變得更為嚴重。

　　每次知道又有毛物被棄養，我心就會痛。

　　為了推廣「大樹下」，這些年來我們都會定期舉行義工日，以招攬義工幫手。有一次，正當我們為毛孩沖涼時，一輛七人車駛到狗場門口，一行六人，兩位老人家、父母和子女，他們二話不說，下車把兩隻老貓扔在門口，要是我們不收留，他們就把貓貓交去漁護署。燕姐於心不忍，無奈接收。剛巧那時我不在現場，不然我就會教訓他們一頓，全家有老有嫩，大人竟當著子女做出壞榜樣，更不要得的是他們態度極為惡劣，語氣有如要脅。他們連貓貓多大也不知道，只隨便說說一隻十歲、一隻幾歲，便不負責任的驅車走了。

　　其中該有十歲的大貓，入住狗場後不斷喝水，我們懷疑牠患有腎病，觀察多天後帶牠去見獸醫，經檢查後，老貓患的不是腎病，而是嚴重便秘，看了三次醫生，不但未能排便，糞便更塞滿了整個身體，情況並不樂觀，因為嚴重缺水，影響腸臟不能蠕動，最後只能動手術解決。

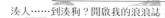

遇到愛心領養人

手術後，我們希望老貓不再便秘，於是叫牠「柯得」，取其排便暢通無阻之意。手術只可稍作改善，要解決「柯得」日積月累的便秘問題，醫生建議我們每天為牠按摩肚皮，幫助牠的腸臟蠕動，但礙於人手有限，我們只好尋求其他協助，在 facebook 發放訊息，幸運地我們很快便收到一對夫婦來電，表示有意照顧「柯得」。

這對夫婦真的很有愛心，原來他倆之前也曾照顧過相同情況的貓咪，所以不怕麻煩領養了「柯得」。他倆都很疼愛「柯得」，不僅每天定時為牠按摩肚皮，還經常用背囊帶牠出外曬太陽。

前半生的「柯得」吃盡苦頭，被善心夫婦收養後，雖然只活了半年，但我相信，這該是牠一生中活得最快樂的時光，衷心感謝兩位領養家長不計回報的無私付出。

柯得初入大樹下時身體很差，經義工們悉心護理後，便秘問題得以大大改善。

3.3H

主人細訴綿綿舊情

去年三月，收到一位馬先生來電求助，他友人原先養了五隻貓，正打算帶牠們移民英國，惟十六歲大叫綿綿的老貓不能坐飛機。因為鄰居也是養貓之人，不得已暫託鄰居代為照顧。

幾日後，馬先生友人致電鄰居詢問綿綿狀況，鄰居大發牢騷，指綿綿有病，傳染了他的貓貓，已把牠趕出門口。主人聽到愛貓遭遇，恍如晴天霹靂，心如刀割，深悔所託非人，立即拜託馬先生到家居附近尋貓。

幸運地馬先生終於尋回綿綿。原來綿綿被鄰居逐出家門後，牠沒有亂跑，而是返回舊居，安靜地坐著，等待主人回家。因為養開狗狗的馬生，沒有飼養貓貓經驗，所以他找上我們。雖然我們跟馬先生素未謀面，但相信他是一個可靠的人，最後我們接收了綿綿。

當有新貓入住貓舍，我們會先將牠隔離，以待觀察。兩日後，我去探綿綿，只見牠一臉憔悴，變成一隻名副其實的「病貓」。

第二天，我趕忙帶牠去見獸醫，獸醫問我，貓貓是否轉換了新環境，一來牠年紀大，二來在陌生環境，欠缺安全感，所以患上了

綿綿（白色）年老未能跟隨主人一起移民，
主人其實都好內疚，另一隻貓貓叫圓圓，牠
們很老友的。

嚴重抑鬱症，牠心情況重，很不開心，而且還有嚴重口腔炎、肺炎

和貓瘟，一時間百病叢生，我們心裡難過，回到「大樹下」，把牠移

到貓舍樓下，暫時獨居，好讓牠慢慢適應新環境。

貓貓念主患了抑鬱

　　我們每天定時餵食餵藥，服藥後綿綿就會昏睡，一動不動，醒來後竟日悶悶不樂，我們都知道牠想念主人，於是叫馬先生找牠主人錄了一段說話，播給綿綿聽。每次當我把手提電話放近牠耳邊時，懂性的牠就會豎起耳朵靜靜地聽著。牠主人錄的那段說話真的很感人，留下綿綿，未能伴牠頤養天年，他深感內疚。而我，每次播給綿綿聽時，都會禁不住鼻頭一酸。

　　隨後我們要求主人再錄一些為綿綿打氣的說話，給牠正能量。綿綿聽懂主人的意思，心安了，病情真的慢慢好轉過來。

　　義工阿玲，跟綿綿特別投緣，每次到「大樹下」，都會專誠去陪綿綿。阿玲用愛心感動了綿綿，獲得牠的信任和依靠，終於肯在阿玲陪伴下走出鐵籠，在房間裡行來行去，只要阿玲抱住牠，牠就顯得好開心、好滿意。

　　我們見牠病情日漸好轉，繃緊的心情也放鬆了，於是想牠融入貓群，跟其他貓貓一起生活，誰知當我們帶牠上貓房時，牠的緊張、壓力全跑了出來，四肢繃緊，驚惶失措，我們只好立刻把牠抱回樓下去，哄牠、安撫牠。長此下去也不是辦法，綿綿必須參與群體生活，不能就此孤獨終老。為了釋除牠的壓力，我們一有時間就會抱牠上貓房待一會，讓牠適應，多接觸貓群，時間久了，喜見綿

綿融入了貓房生活，不再害怕，有時上去探牠，都見牠躺在窗台曬太陽，胖得像隻小豬。綿綿已把「大樹下」當成牠的家，把我們當成家人，把一眾毛孩視為朋友。

綿綿你要加油，我們不會放棄你的，你就放心在「大樹下」安老好了！

3.31

狗糧又告急了

　　「大樹下」，每月開支龐大，單是狗糧貓糧、醫療費、維修費、水電雜費，即使七十高齡的創辦人曾先生，胼手胝足打工幫補，加上有心人捐款，仍見捉襟見肘，常教狗場同工擔憂不已。

　　2017年復活節假期最後一天，當普羅大眾仍在享受假期之時，「大樹下」又現糧荒，眼見狗糧所餘無幾，只好在網上呼籲有心人捐助。很快地，我收到鄭秀文（Sammi）來電，她了解情況後，二話不說就答應送狗糧給我們的毛孩，並相約下午在錦田見面。我真的很感激她的愛心與慷慨，為我們解決了燃眉之急。

愛心天后

　　事隔幾年我才知道，因有義工告訴我，當天全個元朗區的寵物店都知道Sammi搜購狗糧給「大樹下」。原來Sammi答應送狗糧給狗場後，問過港島區多間寵物店，都沒有我們要的狗糧牌子，最後她不嫌麻煩，即時著司機開入元朗，東撲西撲，逐間寵物店搜購，最後買了十多包送給我們。那天，樂壇天后四出搜購狗糧的消息，一下子傳遍了整個元朗區的寵物店，得知真相後，我心裡感動又激動，禁不住再一次感謝她對毛孩付出的愛與關懷。

一直以來,許多充滿愛心的藝人和不同機構人士,都極為支持「大樹下」,捐款、義賣、領養,犧牲私人時間,親身到「大樹下」探訪毛孩,幫手清潔,為毛孩洗澡、跟牠們玩耍。

3.3J
—
最怕暴雨颱風天

打理狗場，最怕遇上暴風雨和颱風天，尤其是「大樹下」位近山邊，而且又是半露天，所以我們時刻都要留意天氣預告。

颱風前，義工加緊做好防風措施，為狗籠鋪膠。

每當知道天氣即將變壞，我們便會如臨大敵般盡快做好防風防雨措施，準備防風板、帆布、鐵架及水盆等物品。

當毛孩吃完晚飯、上過廁所，放牠們回籠裡休息後，我們就會將帆布蓋好籠子，在外面綁上防風板，在籠頂用卡板、鐵架或水盆等重物壓住，避免狗籠被吹倒，又要用繩拴緊會被吹走吹翻的物品。

要是遇上黑雨，情況便會更為嚴峻，因為狗場的水渠去水欠佳，暴雨時常會倒灌。試過有一次大雨傾盆而下，大水從山上湧入狗場，情況危急，我要站在水渠邊不停掃水，直至雨勢變小為止，不但全身盡濕，雙手也磨得起滿水泡，儘管不好受，但我們只求毛孩無事就好了。

毛孩契約：我用了18250天走到大樹下

每次打風前必須做好準備

吳卓羲為了令「大樹下」籌得更多善款，身體力行都算唔話得。

吳卓羲雪中送炭

　　打從吳卓羲出道，我已認識他，每當我緊急需要朋友幫忙時，他就會出現，有時更會主動出手，是一個非常體貼、令人窩心的朋友。卓羲是「大樹下」的藝人義工之一，他心繫狗場毛孩，不時關懷狗場近況。毛孩離世，令人心痛，我好記得有一次三隻毛孩於一星期內相繼離世，我們正為籌措善終費而奔走，剛巧那時卓羲問我最近「大樹下」有甚麼要幫忙，他得知後二話不說就捐出五千元，大大的幫了我們一把。

2018 年 9 月 15 日，超強颱風山竹來襲前一天，「大樹下」正好
在太子聯合廣場進行義賣，卓羲知道後主動提出要來當店長，並沒有
顧及自己藝人的身分，原本說好只逗留兩個小時，結果一直都不肯離
去，繼續落力推銷，加上明星效應，那一天義賣的成績非常好。

　　翌日，颱風山竹風力加劇，香港天文台發出十號熱帶氣旋警告信
號，全城幾近癱瘓，我們一眾義工雖則嚴陣以待，盡力做好防護措
施，翌日風勢轉弱，便立即趕回「大樹下」，放眼一看，滿目瘡痍，
我們首先檢查所有毛孩是否安好，安撫驚魂未定的牠們，然後查看周
圍的損毀。狗場內已停水停電，遍地泥濘水窪，倒塌大樹縱橫交錯，
一棵大樹橫躺在入口處，阻礙打開閘門，最令人擔心的就是壓在狗舍
屋頂上的大樹，需要盡快移去，否則壓毀狗舍便後果堪虞。

「大樹下」舉行義賣會，吳卓羲請纓出任店長。

得知狗場狀況，我顧不了自身安全，駕車接載三位女義工，其中一位是女藝人徐穎堃，一起趕往狗場去，還好道路無阻，到達「大樹下」後，一看風劫後的狗場，立時嚇出汗來。我從車上取下一把在五金店買的六十元鐵鋸，逕自走進去，我知道我們幾位義工，即將展開一場嚴峻的考驗。

一把電鋸的威力

狗場裡面水電全停，而且缺水缺糧，我們明知勢孤力弱，仍然在資源有限下，進行一場清理災場、「刀仔鋸大樹」的救援行動。

正在我們埋首拼搏，毫無寸進情況下，我收到卓羲查問「大樹下」的電話。他得悉我們狀況後，叫我們放心，他會盡快趕來，一小時後他連同助手，帶來二十多個漢堡包和飲品，拿著小鋸就跑到後山鋸樹。

卓羲見鋸了幾小時，鋸都彎曲了，都不見成效，於是提議出錢請人來清理，可惜颱風過後，全港都是塌樹，要請人鋸樹又談何容易！

當晚回到家裡，我仍然很擔心，深怕大樹一天不清理，簡陋的狗舍屋頂始終會承受不了。經過一天勞累，我身心俱疲，但就是睡不著。打開 facebook，見到黎瑞恩（小恩子）放上一張電鋸圖片，

令我心生羨慕，回上一句：「你就好啦！」當她得知「大樹下」境況後，第二天連同十名大漢，帶來一把電鋸為我們處理壓在狗舍屋頂上的樹，只需十分鐘就搞定。原來小恩子為了幫助一些村屋的村民鋸樹，特地買了兩把電鋸，她的仗義相助，我真的無言感激，事後她更將兩把電鋸送給「大樹下」，以作不時之需。

3.3K

山火迫近 徹夜疏散

　　除了颱風下雨，我們最怕的，還有山火。創辦三十多年的「大樹下」，位近山邊，每年清明掃墓日子，時有山火發生，所以臨近這些日子，我們就會提高警覺，以防山火波及。

　　過往附近山頭一發生山火，我們就會先行拉水喉淋濕狗場周邊樹木，以防萬一。

　　2020 年 10 月 25 日，「大樹下」第一次受到山火威脅，情勢緊急，要徹夜將百多隻貓狗疏散。那時候，誰會想到遠遠的雞公嶺山火，會蔓延到錦田這邊來！

　　10 月 24 日，山火開始由上水燒過來，足足燒了兩天，火光熊熊，蔓延得很快，我們很是擔心。當晚十一點幾，我接到義工電話，山火來勢洶洶，我馬上放下手上工作，在 facebook 發放狗場山火危急的訊息，然後飛車入狗場。

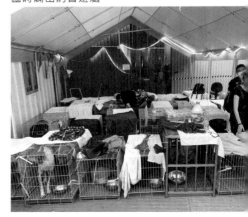

「大樹下」第一次遭山火迫近，臨時闢出的暫避處。

CHAPTER 3

湊人⋯⋯到湊狗？開啟我的浪浪誌

駕車途中，我看見整個山頭都是火龍，人間煉獄似的，我在心裡默禱，希望山火盡快熄滅，不要造成動植物的損毀傷亡。到達狗場時，當時連燕姐在內共有三位義工和一輛消防車。

我大半生人都不曾遇過火災，更不要說是山火。要是山火燒到「大樹下」，我們該怎麼辦？我們幾個義工心裡惶恐，不知如何是好，面對山火，想到毛孩，我告訴自己，我要鎮定！

如何安全運走毛小孩？

消防員正在狗場左邊後山射水，我卻看見右邊山坡火光熊熊，正在蔓延下來，我即時跑去通知消防員，消防員見狀，即時多開一條水喉射水。當我走到狗場入口，卻看見來了一大班不相識的人，原來許多市民看見我在 facebook 發放的訊息，紛紛趕來支援，那時已近凌晨。他們的出現，叫我們四個孤立無援的義工，為之振作起來。

消防員告訴我，要是山火未能控制，狗場就要即時撤離。撤離？百多隻毛孩，如何疏散，我們可以帶牠們到哪裡去暫避？

一時間，我心裡湧起了千百個問題。我們去哪裡找來足夠的籠子、頸鏈、頸帶及運載工具，還有，毛孩是不會跟陌生人離去的，我們該如何是好？就在我心慌意亂之際，一班「大樹下」的舊義工，看見新聞報導，立即回來幫手。

147

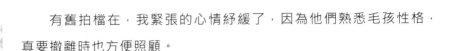

有舊拍檔在，我緊張的心情紓緩了，因為他們熟悉毛孩性格，真要撤離時也方便照顧。

正當我們及前來幫手的市民在埋首分配工作，打點現場一切，以應付突發事件之際，不知從哪裡蹦出個傢伙來，大聲吆喝：「誰是這裡的負責人，你們是否知道已違反了限聚令？你們的狗會否咬人？你們是否有足夠的頸鏈和狗籠……」

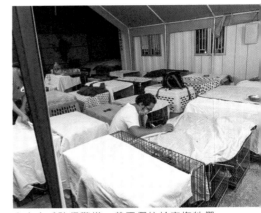

山火令毛孩很驚慌，義工們忙於安撫牠們。

面對一個來添亂生事的傢伙，我生氣極了，一時說不出話來。身旁的義工見狀，立即圍攏過來，那傢伙見不得要領，老鼠似的竄了。

同心同力

那夜，我在場內擔任統籌，眼見各義工各按能力幫手，互相補位，場內人雖多，卻很有秩序，而且毋須我們多說，他們已為我們細心打點好，一個義工見我憂心忡忡的樣子，上前跟我說：「造造，外面已有兩輛 5.5 噸的貨車在隨時候用。」聽罷，我真的很激動，一方有難，八方支援，那人間有情的場面叫我畢生難忘。

我們正忙於準備防禦措施時，得悉附近另一狗場已被山火波及，我們即時遣兵調將，很多義工都自動請纓前往支援，團結真的就是力量。

凌晨三點幾，山上火勢依然猛烈，似有直撲過來之勢，為了安全起見，消防員要我們必須於十五分鐘內撤離。撤離？我們一直未能解決的難題終於要面對了。我們要把毛孩疏散到甚麼地方去？經商量後，我們決定先送走貓舍內的貓貓。入到貓舍，看見燕姐呆呆的坐著，她該是受驚過度，知道我要運走貓貓，堅決拒絕，情緒激動：「死我也要跟牠們在一起。」

我只得一面安慰燕姐，一面叫義工先把貓貓放進籠裡。當我正在苦惱貓貓何去何從時，一位義工正好在元朗大棠有一間空置村屋，可以借給貓貓暫避，我真的很感謝上天的安排、義工的挺力支持。

一個難題解決，另一個難題又在等著我！

送走了貓貓，狗狗又該如何處理？

感謝隨時候命的義士們

即使義工一再問我，其實我心裡毫無頭緒，就在此時，奇蹟又再出現，幾個不相識的義工帶來了十幾二十個籠子，而且全是新

的，都那麼夜了，他們是怎麼弄來的？他們就如一場及時雨，為我們解決了將狗入籠運走的難題。

當我需要義工幫手打開狗籠時，幾個男士立即上前，我看見兩張熟悉的臉孔，袁文杰跟楊證樺大哥得知消息後趕來，務求盡上綿力，幫上一把。他倆不想妨礙我們工作，一直留在山腳隨時候命。

有了足夠狗籠，但還未有落腳的地方。我們唯有先將老弱的狗狗放進狗籠，再作打算。就在我們不知如何是好之際，一位女士突然上前告訴我，她在狗場附近有一個寵物糧倉，可以借出來安置狗狗。那一刻我開心得緊緊握住她的手，心裡有說不盡的感激，原來這位女士是寵物店的經理，知道狗場附近有山火，即使深夜也來幫手。

點算送走的狗狗後，場內尚餘十多隻大狗和惡狗等待安排，有

位處狗場對面山頭的大樹，經歷山火後滿目瘡痍，但依然屹立不倒。

義工問我，接下來怎麼辦，我告訴他，我會留守到最後，要是山火真的燒下來，我就會打開籠子，放牠們走。

不幸中的大幸

經過消防員一輪撲救後，火勢終於受控穩定下來，可以暫停撤走毛孩，我稍為鬆了一口氣。都凌晨五點幾了，仍有不少市民趕來幫手，幾個年輕人，還有藝人張明偉，因為才剛聽到新聞報導，滿臉歉意表示來遲了。

到了早上六點多，消防員正式通知我，山火撲熄了，狗場安全了。各位消防員大哥，辛苦你們了，我替一眾毛孩感謝你們的愛心和幫助。

早上九點幾，一眾毛孩陸陸續續送回狗場。一切安頓下來後，打開手機，竟然有百幾人找過我，關心「大樹下」情況。十點幾，開始有媒體前來訪問，每次說起，我心情依然激動，希望透過媒體，一再感謝幫助狗場度過難關的所有消防員、市民和義工，你們無私的付出，人間有情，一點不假。

一場山火，經媒體大事報導後，意外地讓更多香港市民認識了「大樹下」這個非牟利收留流浪動物的機構，給與支持與關顧，也算是不幸中的大幸了。

3.3L

告別禮 送毛孩最後一程

　　小時候外公家裡養了一室動物，又種了大量植物，有如一個小型動植物公園，小學五年級開始，我便自告奮勇每個星期五到外公家去幫手照顧毛孩。也因此小小年紀便接觸到「生離死別」的場面，因為當年還沒有甚麼動物善終服務，每當有動物離世，外公就會把牠們的遺體放在進紙盒裡，在外面註明是動物屍體，我就會陪他放在街上的垃圾桶旁，外公告訴我：「放在這裡，清潔工人就會處理的了。」

每次為「大樹下」離世的毛孩舉行告別禮，都會伴著花花，護送牠們走上彩虹橋。

　　那時候，單純的我想到這樣處理動物遺體會是最好的做法嗎？心裡盡是難過與不捨。

　　面對多了，我這個不懂世事的胖妹，心裡竟萌生新的想法，就是為離世的動物舉辦喪禮，不用再把牠們丟在垃圾桶旁，直至當了「大樹下」義工，

毛孩契約：我用了 18250 天走到大樹下

我才知道這是動物善終服務，為牠們辦一場喪禮，好好送牠們最後一程。

有關「大樹下」的毛孩善終告別禮，我都很樂意為牠們安排，陪在牠們身旁，讓牠們有尊嚴地離開，真正地結束一生。

Coffee給我的啟示

三十年前，家裡養過一隻叫 Coffee 的狗狗。那一年適逢農曆新年，但 Coffee 卻食慾不振，有異平常，大年初三那夜，弟弟帶牠上山蹓躂，沒想到被附近村屋發放煙花嚇跑了，我們遍尋不獲，更擔心的是，懂得認路回家的牠卻影蹤杳然。

Coffee30 年前被炮仗聲嚇走走後，遍尋三年，始終未能尋回。

對於 Coffee 的走失，旁人眾說紛紜，有說牠可能知道自己不久於人世，不欲主人傷心，躲起來直到最後一口氣，又有人說在錦綉花園、西環見過牠。我足足找了牠三年，好想知道牠的下落，即使牠已告別塵世，也希望找到牠的遺體好好安葬。時間愈久，我當然知道機會愈微，所以為「大樹下」毛孩舉辦喪禮，我是義不容辭的，因為這是我為牠們做的最後一件事。

為「大樹下」辦過多場毛孩善終告別禮，我心裡最痛、最深刻的當然就是肥仔。我愛牠、疼牠，尤勝於自己，這算是我跟牠的一場緣份吧！我事事為牠著想，牠還在生的時候，我已諮詢動物善終服務公司，它們表示不會因肥仔身軀龐大，而拒絕服務，這樣我就放心了。

帶你遊車河

肥仔遽然而逝，那天聽到燕姐傳來噩耗，我如遭雷殛，眼淚崩堤，心頭淌血，還要強忍痛楚完成工作，我真的不知道該如何面對，我也不知道那段日子我是怎麼熬過來的！

向來眼淺的我，為毛孩進行善終告別禮，卻不會哭，因為我知道這是我對牠們的使命，要為牠們做好每一件事。

告別肥仔，我一如過往為過世毛孩所做的，親手紮了一個象徵

「大樹下」的標誌送給牠，希望牠去到彩虹橋那邊，能快快樂樂的照顧一班弟弟妹妹。肥仔火化後，我駕著車，把牠的骨灰放在身旁一起遊車河，再好好的過幾天。

我把肥仔的骨灰帶回「大樹下」，告訴牠：「回家了」。

肥仔走後，每次回到「大樹下」，我再也聽不到牠熱情的呼喊；看不見牠呷醋的樣子，但牠一直在我心裡，經過牠住過的籠子時，我會默默跟牠說：「肥仔，我回來了。」

3.3M
—
舉辦義工日、學校講座

　　新冠疫情前，「大樹下」每個月的第二個星期六及第四個星期日，我們訂為「獨立義工日」：第三個星期六就作團體探訪，所以當時吸引了不少義工前來幫忙，惟疫情爆發後，在過去三年，我們暫停了「獨立義工日」。

資深義工燕姐，照顧毛孩不遺餘力，無怨無悔。
這天，我和燕姐帶著 Sakura，出席一個頒獎禮。

　　「獨立義工日」，讓我認識了不少新義工，我很喜歡跟他們聊天，其中一個告訴我，未做義工前，她的日子過得很不開心，但當了義工，每次工作後出一身汗，人變得開朗，所有煩心事都被一掃而空。

　　後來熟絡了，知道她曾罹患抑鬱症，就是因為接觸動物，讓他得以慢慢走出陰霾，藉著愛的付出，她心情變得輕省，療癒了。

愛的教育

　　直到後期疫情漸趨穩定，「大樹下」應學校邀請舉辦講座，每次我都會帶上狗狗自來，牠很受同學歡迎，講座結束後，我都會把握時間跟同學聊聊天，好聽聽他們對動物的看法和感受，有些同學表示從未養過寵物，有些更是第一次近距離親近狗狗，伸手摸牠，覺得很是新奇有趣，所以個人工作再忙，我都會抽時間到學校做講座，傳播愛護動物的訊息。

　　很多時聽罷同學的分享，我心裡不禁一沉，其實飼養寵物，可以培養出小朋友對生命的關顧、愛心和責任感，但因為很多公共屋邨、私人住宅都不容許飼養寵物，所以令很多小朋友少了機會去接觸動物，我慶幸自己從小便有動物陪伴成長。

　　我一直有個很孩子氣的想法，但不知是否可行，就是在公共屋邨裡闢出一座大樓，作為寵物樓，讓飼養寵物的住戶入住，那麼便可解決住戶飼養寵物的問題了。

3.3N
—
培養小姪兒接棒

　　我有兩個可愛的小姪兒，大的叫蕃薯、小的叫薯仔，我很疼愛這兩個小毛頭，每逢周日就會駕車帶他倆外出遊玩，所以有「Sunday 姑媽」之稱。

　　小姪兒薯仔尤其黏我，很多時都會跟我外出遛狗，我發覺牠與毛孩頗為投緣，每次見牠跟狗狗親近，就會讓我看見小時候自己照顧毛孩的情景。於是我帶牠到「大樹下」學習跟狗狗相處和照顧牠們，他第一隻抱的狗狗就是肥咩咩，那隻十三歲大、守在離世老婆婆身旁一個星期的貴婦狗。薯仔與肥咩咩一見如故，才相處一個下午，薯仔已疼牠疼到不得了，回家後一直說個不停，還把肥咩咩的相片作為手機「牆紙」（Wallpaper）。

　　肥咩咩雖然留在「大樹下」只有兩個多月便走了，但是我們相信這兩個多月來，牠在「大樹下」的生活是無憂無慮和快樂的。

　　肥咩咩走後，我告訴薯仔牠已經去了天堂，我們一起去送別牠好嗎？他沒有多想，一口答應，說要去陪伴肥咩咩，還問我到時要說些甚麼？小孩子一如毛孩，就是這麼的單純可愛。

　　充滿愛心、守護毛孩的薯仔，日後會成為我的接班人嗎？看著他胖嘟嘟的臉蛋和圓滾滾的身軀，我嘴角不自覺地漾起了一抹期盼的笑容。

小姪兒薯仔像我一樣，跟毛孩特別投緣，他會是我的接棒人嗎？

原來要出書，真的不易。

可能感染新冠病毒後，記性真的差了。

要由小時候追溯到今天，終於明白「絞盡腦汁」的真正意思，不過對我而言亦是把大半生重溫一次的好機會，待我再一把年紀時可以拿出來再細細回味那些年的經歷。

為了準備這本書，我翻箱倒篋把小時候拍過的相片全找出來，細看下，當中有些相片喚起了我許多舊日情懷，但有些相片中的人和事卻已經記不起來。

感謝出版商為我出書，主題圍繞我從經理人到動物義工的歷程。我希望透過這本書，讓每個人知道：

每一個的「你」，都可以做義工，

每一個的「你」，都要有愛心，

每一個的「你」，都要善待任何一種生命，

你可以不愛，但不可以傷害！

每一隻小毛孩都是我的心肝寶貝！

毛孩契約：我用了 18250 天走到大樹下

毛孩契約：我用了 18250 天走到大樹下

毛孩契約：我用了 18250 天走到大樹下

毛孩契約：我用了 18250 天走到大樹下

毛孩契約：我用了 18250 天走到大樹下